植物嫁接与遗传变异

张　新　刘用生　王清连　著

科 学 出 版 社

北　京

内 容 简 介

本书是一部关于植物嫁接与遗传变异的专著。全书共分为八章，以植物嫁接的概念、起源和作用为开篇，主要论述了植物嫁接变异的起源与发展、理论和实践意义、方法和机理，以及学术界对植物嫁接变异问题的不同看法和假说，介绍了一些栽培植物的嫁接杂种及其命名、国内外著名学者对嫁接变异的论述，以及近年来植物嫁接变异研究所取得的新进展。由于植物远缘嫁接具有较大的潜在用途和优势，书中第八章特别对植物远缘嫁接的一些典型事例及问题进行了探讨。

本书可作为研究遗传学、育种学的科研人员和研究生的参考书。

图书在版编目（CIP）数据

植物嫁接与遗传变异/张新，刘用生，王清连著. —北京：科学出版社，2018.10

ISBN 978-7-03-058959-0

Ⅰ. ①植… Ⅱ. ①张… ②刘… ③王… Ⅲ. ①植物–嫁接 ②植物–遗传变异 Ⅳ. ①S616 ②Q943

中国版本图书馆 CIP 数据核字(2018)第 223029 号

责任编辑：张会格 岳漫宇 赵小林 / 责任校对：陈玉凤
责任印制：张 伟 / 封面设计：刘新新

科学出版社 出版
北京东黄城根北街 16 号
邮政编码：100717
http://www.sciencep.com

北京科印技术咨询服务有限公司数码印刷分部印刷
科学出版社发行 各地新华书店经销
*
2018 年 10 月第 一 版 开本：720×1000 1/16
2025 年 1 月第三次印刷 印张：9 3/4
字数：194 000

定价：98.00 元

(如有印装质量问题，我社负责调换)

序　一

《植物嫁接与遗传变异》一书较系统地论述了植物嫁接产生遗传变异的发展历史、原理方法及理论和实践意义，并介绍了近年来所取得的新成就，具有较高的学术价值。

著名生物学家达尔文曾提出“嫁接杂交（graft hybridization）”这一术语来概括植物嫁接产生变异的现象，但目前仍有不少学者对嫁接杂交持否定或怀疑态度。嫁接杂种是否真的存在？嫁接变异的机理是什么？嫁接变异在植物遗传育种中有哪些意义？这些都是目前存在争论和尚未解决的疑难问题。为了解决这些问题，刘用生广泛收集古今中外有关植物嫁接产生变异的资料，并亲自开展嫁接试验，这种科学探索精神是值得肯定的。

近年来，我多次到河南省商丘市农科所孟昭璜先生那里参观访问，目睹了他利用甘薯与绿豆嫁接培育出的薯豆新品种，以及通过南瓜与绿豆嫁接培育出的‘南绿1号’和‘南绿2号’新品种。后来，孟昭璜先生与北京大学苏都莫日根博士合作开展“远缘嫁接育种技术的开发与机理研究”项目，又成功地将小麦嫁接在甘薯上，并培育出了‘薯麦1号’新品种（可参阅2001年6月23日发行的《河南科技报》），其详细研究论文发表在2002年的《植物学报》上。2001年9月25日，应刘用生同志的邀请，我和芦翠乔同志首往河南职业技术师范学院（今河南科技学院）嫁接试验园参观，又目睹了他通过‘紫叶’李与‘玉皇’李嫁接所获得的变异植株。

关于嫁接变异的机理，过去普遍认为，用嫁接方法把具有不同遗传性的生物体结合在一起，使它们发生密切的生理联系，通过双方的物质交换，从而改变和动摇了嫁接成分的遗传性。在前人研究的基础上，刘用生同志结合近年来嫁接变异及植物分子生物学的有关研究成果，提出了植物嫁接变异机理的新见解。此外，他还通过认真分析比较，首次将嫁接杂种分为嫁接嵌合体、嫁接蒙导杂种和嫁接有性杂种3种类型。这对于进一步认识嫁接变异的本质也是有益的尝试。

嫁接变异具有重要的理论和实践意义。近年来不少研究表明，通过嫁接变异能够培育出新品种。我国商丘市农科所孟昭璜先生在农作物嫁接变异方面的工作，以及日本许多学者在辣椒嫁接变异方面的大量研究工作就是很好的例证，故嫁接产生变异可作为一种简单实用的育种方法。由于不同科间、属间的嫁接亲和力要比有性杂交高，因此，许多采用有性杂交不能成功的组合，采用嫁接却容易成功，这在远缘杂交育种中具有特别重要的意义。此外，研究嫁接变异的本质，对于进一步揭示果树等靠嫁接繁殖的植物的遗传规律和指导这些植物的有性杂交育种工作也具有重要意义。著名科学家钱学森在写给《植物生理学通讯》的一封信中曾建议开创一门技术性科学——“植物嫁接改造学”，并指出它的作用绝不亚于基因工程学，这句话确实是很有道理的。

该书是一部专门论述嫁接变异的学术著作。相信它的出版，一定会给广大植物遗传育种工作者带来许多新的启示。

吴 丁
河南省农业科学院生物技术研究所
2010年12月6日

序　二

植物嫁接繁殖和遗传变异广为人知，但人们对“嫁接变异”却感陌生，其实早在 1868 年，达尔文就提出通过嫁接技术来诱发幼龄植物产生遗传性变异进而培育新品种的观点。

我在为《植物嫁接与遗传变异》作序之初，首先想到的是著者执着的科学探索精神。著者参加工作之初，虽缺乏科研经费、条件简陋，但已选准“嫁接杂交”这个在学术界备受争议的课题为研究方向的刘用生没有退却，为此他陆续放弃了各种头衔和名利，咬定青山不放松，埋头耕耘不问收获。他以日本著名作家寺田寅彦的话“就像虐待诗人便会出诗一样，欺负科学就会出现各种各样的发明和发现”来慰勉和激励自己，20 余载的努力终于有了回报，目前其课题组成员发表论文 100 多篇，其中 SCI 刊物上发表 40 多篇（10 篇为一区刊物）。几年前，著者在一篇稿件多次被拒后写诗一首：“学海茫茫业未成，只知静夜笔勤耕。文章查阅三千卷，退稿堆积两百封。但愿旧题终有解，不愁新作悄无声。常思古代愚公事，莫畏艰难探险峰”，是其“不忘初心、砥砺前行”的真实写照，亦是作者潜心科研、执着探索的心声。该书就是他们课题组多年探索结果的集成。

纵览全稿，该书的难得之处首先在于，它构建于达尔文、摩尔根及米丘林诸科学巨匠提出的学说的体系之中，艰苦探索、首开现代植物生物学研究的新领域和新维度。因为尽管很早由达尔文提出了“嫁接杂交（graft hybridization）”的概念，但该领域在一个多世纪的科学长河发展中未曾形成现代植物科学研究的清澈溪流，反而淤泥壅塞、荒草蔽日，成为植物科学被遗忘的角落和待开垦的处女地。该书的问世将使人们重新思考该现象、分析研究该问题，从而恢复达尔文学说的完备内涵，开创现代植物科学研究的新领域。

该书的主要内容，以植物嫁接的概念、起源和作用为开篇，主要论述了植物嫁接变异的起源发展、方法和机理，以及学术界对该问题的不同看法和假说，介绍了近年来该领域所取得的新进展，并对植物远缘嫁接的一些典型事例及问题进行了探讨。

著者在综述科研资料及课题组工作成就的基础上，进行了细致的总结分析，编纂成集，在一定程度上较全面地反映了国内外该领域的最新发展，这对本领域的科技工作者进行现有理论创新、技术发明与革新，将会有一定的启迪和借鉴作用，对其他相关学科的人员也会有一定的参考价值。诚然，由于学术界对该领域关注度的欠缺和著者研究内容的局限，该书的不足和遗漏之处在所难免，但这也为同行搭建了切磋的平台，提供了讨论的余地，仅此一隅创新，善莫大焉！通过讨论乃至学术争鸣，将使植物嫁接变异的学术体系更加完善，学术观点更加科学而明确，对于指导我国该领域的科研选题，推动植物嫁接科学进步具有重要意义。

笔者作为园艺学领域的一名“老兵”，虽早年同刘用生在全国组织培养学术会议上有一面之交，但本职工作使本人不断关注着该领域的相关进展。多年前受邀日本专家平田丰教授（本领域的重要研究者之一），借助赴东京农工大学访问的机会，对该领域研究有了较粗浅的认识。我一方面为中国学者在该领域的深入研究并时有进展而高兴，另一方面也为该领域整体工作的滞后而着急。因为作为农耕文明古国和园艺大国，我们的产业很大却不强，尤其是在基础研究领域缺乏科学且深邃的思想的闪光点。我认为该书是有思想的，我们应该努力学习、深入钻研、弘扬执着的科学探索精神，克服科学界的盲目追风。因此，我相信认真阅读此书，更深入全面地理解现代植物生物学的发展，今后一定能使我们的植物科学研究根深叶茂、欣欣向荣、春华秋实！

吴国良

果树学河南省级特聘教授 河南农业大学博士生导师

2017 年 8 月 12 日

前　言

“嫁接杂交（graft hybridization）”这一术语是著名生物学家达尔文于1868年在他的《动物和植物在家养下的变异》中最早提出来的。在达尔文的这部巨著出版150周年之际，我们把积累了20余载的资料整理出来，出版《植物嫁接与遗传变异》一书，谨表纪念。

1991年8月，在江西省南昌市召开的首届农业考古国际会议上，华南农业大学周肇基教授宣读了学术论文——《论中国嫁接技艺的源流和成就》。我国著名科学家钱学森先生读了这篇论文以后，在写给《植物生理学通讯》的一封信中指出：“嫁接技术在农业、林业中是大有前途的。但这方面的工作似缺少植物生理学的理论指导，那么我们为什么不去开发一门技术性科学——‘植物嫁接改造学’？它的作用绝不亚于基因工程学。”钱老的这段话让刘用生老师深受启发，他想起了在河南农业大学读书时朱道圩老师讲的“米丘林遗传学”。米丘林曾科学地论证了嫁接可以成为按照人们需要的方向有目的地改造植物本性的方法，即通过嫁接产生的变异能够培育出新品种。当时我校科研条件较差，科研经费较少，既然没有条件去进行基因工程研究，那么为什么不利用嫁接产生变异这个简单实用的育种手段去做些工作呢？于是他对这项研究产生了浓厚的兴趣。

刘用生老师开始反复阅读多年无人借阅的《米丘林全集》，并广泛收集古今中外有关植物嫁接变异的文献。一有空就下地进行嫁接试验，周末、节假日也很少休息，即使在暑期这种烈日晒、蚊子咬、汗流满面的情况下，他依然不停歇。“昼握刀剪枝上舞，夜捧书卷灯下攻”已成为他从事植物嫁接变异研究的真实写照。1993年，刘用生老师第一篇关于植物嫁接变异探索的论文《用试管嫁接进行山楂-苹果无性杂交研究初报》发表，在过去的20多年里，刘老师不畏身单力薄，淡泊功名利禄，历经几番坎坷，感召无数同行，使得其研究日益深入。

达尔文的进化论是众所熟知的，但他提出的“嫁接杂交”理论一直未得到学术界的普遍认可，后来成为遗传学摩尔根学派和米丘林学派争论的焦点，至今仍有不少学者对嫁接产生变异持怀疑或否定的态度。“嫁接不能引起遗传性的变异”“以往所谓嫁接杂种只不过是嵌合体”等观点还经常出现在某些有影响的教科书或百科全书中。通过查阅大量文献资料，刘用生老师发现远在达尔文之前的中国古代就有许多植物嫁接产生变异的记载。通过嫁接试验获得了‘紫叶’李与‘玉皇’李等多种植物的嫁接杂种，证明了嫁接杂种存在的真实性。通过认真分析比较，首次将嫁接杂种分为嫁接嵌合体、嫁接蒙导杂种和嫁接有性杂种 3 种类型，认为嫁接嵌合体是嫁接杂种的一种类型。根据近年来本领域的研究成果，他还提出了植物嫁接变异机理的新见解。

在刘用生老师的启发和引导下，我们逐步认识到，采用嫁接杂交不仅能培育出丰富多样的嫁接嵌合体，还能创造出类似转基因植物的嫁接杂种，方法既简单又实用。前人的大量研究表明，嫁接能引起可遗传的变异，其中 Lucas 和 Hake（1995）、Xoconostle-Cazarers 等（1999）及 Stegemann 和 Bock（2009）发表在 *Science* 杂志的 3 篇权威论文有力地表明了培育植物嫁接杂种的可行性；Stegemann 等（2012）和 Gurdon 等（2016）发表在 *PNAS*（*Proceedings of the National Academy of Sciences of the United States of America*，《美国科学院院报》）上的两篇论文分别证明了叶绿体和线粒体可以在嫁接结合部的细胞之间转移。特别值得一提的是，Fuentes 等（2014）在 *Nature* 杂志上报道利用嫁接方法产生砧穗细胞核基因组叠加的多倍体新物种，更令世人称奇。同时，由于不同科间、属间的嫁接亲和力要比有性杂交高，因此，许多采用有性杂交不能成功的组合，采用嫁接却容易成功，这在远缘杂交育种中具有特别重要的意义。此外，研究嫁接产生遗传变异的本质，对于进一步揭示果树等主要靠嫁接繁殖植物的遗传规律和指导这些植物的有性杂交育种工作也具有非常重要的意义。于是，我们产生了一个念头，参考国内外文献把我们长期积累的嫁接变异实践成果汇集成册，献给从事植物嫁接变异相关研究的科研工作者，希望能起到抛砖引玉的作用。

本书的出版得到了国家重点研发计划——七大农作物育种（2016YFD0101413）、河南省棉花产业技术体系专项（S2013-07、Z2013-07-01）、河南省科技创新人才专项（154400510009）、河南省科技攻关计划（152102110087）等科研项目，以及河南省现代生物育种协同创新中心、河南省棉麦分子生态与种质创新重点实验室和河南省特色优势学科（作物学）建设工程项目的支持。

在本书完稿之际，我们要衷心感谢华南农业大学原农史研究室主任周肇基教授。1996 年 9 月，刘用生老师冒昧地向素昧平生的周肇基教授写信索要他那篇曾使钱学森先生受到过启发的论文。让刘老师惊喜的是，周先生不仅寄来了论文，还写了一封热情洋溢的回信，鼓励他把嫁接研究坚持下去。从 1996 年 9 月至今，周先生与他学术通信 50 余封，近些年则用 Email 保持着联系，十分关心和支持我们的嫁接研究工作。此外，剑桥大学著名的遗传学家和胚胎生物学家 Anne McLaren 女士（原英国皇家学会副会长）、中国农业大学娄成后院士、北京大学饶毅教授、中国科学院遗传与发育生物学研究所李璠研究员和梁正兰研究员、中国农业科学院水稻研究所颜秋生研究员、武汉大学汪向明教授、复旦大学张冬生教授、河南农业大学吴国良教授、河南省农业科学院吴丁研究员和芦翠乔研究员、山东省果树研究所石荫平研究员、河南省商丘农科所孟昭璜研究员、广西大学周瑞阳教授、广西农业厅陈国平研究员、陕西省咸阳市渭城中学范盛尧老师，以及本校的李保印教授、周秀梅博士、王园园博士、孙润润硕士和赵智勇硕士等曾对我们的嫁接研究工作或本书的校正给予过不少帮助和鼓励，本校马珂老师所带的本科毕业生绘制了部分插图，书中参考和引用了国内外众多学者的研究资料，在此一并表示感谢！

本书在河南科技学院刘用生特聘教授的精心指导下认真整理和修改而成，是对刘用生教授和我们历经多年获得的相关资料的总结和升华，全书由张新统稿。愿读者能喜欢这本书，并从中得到新启示、新思维和新收益。由于作者水平有限，疏漏之处在所难免，恳请各位学者、同仁和读者不吝赐教！

著　者

2017 年 2 月

目　　录

第一章　植物嫁接的概念、起源和作用

第一节　嫁接的概念

所谓嫁接（grafting），就是人们有目的地将一株植物上的枝条或芽等器官（或组织），移接到另一株带有根系的植物上，使它们愈合并生长发育成一个新的植物。嫁接时在上部的、不具有根系的枝条或芽等器官（或组织）称为接穗（scion），位于下面承受接穗的、具有根系的部分称为砧木（rootstock）。

这样的技术在新中国成立初期多称“嫁接”为“接木”，后者可能源自众所周知的成语——“移花接木”，《辞海》解释其本义为“把一种花木的枝条或嫩芽嫁接在另一种花木上”，直到今天日语中仍使用汉字“接木”一词表示嫁接。据考证，嫁接在我国古代文献中先后是以“椄”“插”“接”“转枝”“接换”“接缚”“接博”“接驳”等词来表示（梁玉堂和龙庄如，1993；石声汉，1963），其中《尔雅》中出现了反映嫁接技术的专字——“椄”，汉代许慎的《说文解字》解释为“椄，续木也，从木妾声”，清代段玉裁注“今栽花植果者，以彼枝移椄此树而花果同彼树矣。椄之言接也，今接行而椄废”。值得注意的是，近年来的一些论文（林炬等，2010；李光祥，2009；李从白，1988；邓立平和郭亚华，1987）和专利（盛先慧等，2006；张琦，2005）在标题中均使用了“稼接”一词，似乎比“嫁接”更具有农业气息，但在中国社会科学院语言研究所词典室（2012）编辑出版的《现代汉语词典》（第 6 版）中未找到该词，可以认为它是一个不规范的词汇。

嫁接体可以用砧木 + 接穗（“+”两侧必须各有一个空格）来表示，如将聚花蔷薇接穗嫁接到大果蔷薇砧木上，则可以表示为 *Rosa webbiana* + *R. floribunda*（大果蔷薇 + 聚花蔷薇）；也可以用接穗/砧木来表示，如前例也可写成 *Rosa floribunda*/*R. webbiana*（聚花蔷薇/大果蔷薇）。当嫁接使用的接穗和砧木是品种时，嫁接株可以用接穗的名称命名，如苹果品种 *Malus domestica* ‘James Griever’ 嫁接到矮化砧木品种 *M. domestica* ‘M9’ 上后，仍使用接穗的品种名 *Malus domestica* ‘James Griever’（刘龙昌，2010）。

因为本书主要讨论嫁接产生遗传变异的问题，所以首先应当把嫁接变异与嫁接繁殖的概念区别开来。嫁接繁殖是植物无性繁殖的一种方法，主要用以保持栽培品种的优良特性。嫁接变异是指把两个具有不同遗传性的植物嫁接在一起，接穗或砧木在另一方的影响下，其遗传性发生改变，从而产生具有砧穗双方特性的变异体的过程。这和嫁接繁殖是完全不同的，也和通过性细胞受精的有性杂交不同。达尔文（Darwin）于 1868 年最早提出“嫁接杂交（graft hybrization）”这个术语。但后来有人为了与有性杂交相区别，也把嫁接杂交称为无性杂交。广义的无性杂交包括嫁接杂交、体细胞杂交、细胞器移植、蛋白调换等方面，嫁接杂交只是无性杂交的一种类型。由于目前“嫁接杂交”一词仍有一定争议，本书主要使用“嫁接变异”阐述此观点。

第二节　嫁接的起源与演进

一些植物只能通过分根、扦插、压条和嫁接等无性繁殖方法进行繁殖或者保持优良种性，而前 3 种方法相对来说都比嫁接方法简单得多，且人类发明扦插、压条要比嫁接早（周肇基，1994）。那么，古人为何要发明相对其他无性繁殖更为复杂的嫁接技术呢？国内外哪些文献最早记载了嫁接技术？嫁接技术又是如何演变出多种多样的方法的？这些问题值得探讨。

一、嫁接技术的起源

（一）嫁接技术的缘起

目前，学术界普遍认为人工嫁接技术是受自然界天然嫁接（枝接和根接）植物的启发（Fuentes et al.，2014；周肇基，1994；吴小航，1985；蔡以欣，1957），但也有学者认为可能是受扦插技术的发展（周肇基，1994；石声汉，1963）或寄生植物（Mudge et al.，2009；周肇基，1994）的启发。

1. 受自然接木现象的启示

自然接木即自然界中生长邻近的两棵树，挨得太近，在生长过程中互相挤压，磨破表皮，久之，两棵树部分连接在一起继续生长发育的现象，古人称为木连理、连理树和连理枝。由于当时人们不了解连理树的成因，于是古人把它比喻为男女忠贞爱情或兄弟亲密的象征。例如，西汉苏武有诗，“况我连理树，与子同一身”；唐代白居易《长恨歌》里有，“在天愿作比翼鸟，在地愿为连理枝”之句；封建统治者则宣扬“德至草木则木连理”之类的思想；魏晋时期曹植在《连理木讴》一诗中写道：“皇树嘉德，风靡云披。有木连理，别干同枝。将承大同，应天之规”。于是连理树被称为“皇树”“瑞木”“嘉树”，封建王朝制定出报“瑞”制度，以此为王朝歌功颂德。之后便有人为了博取统治者的青睐，人为地制造“瑞木”去报“瑞”，这是人工嫁接的缘起因素之一，也是我国古籍中不乏记载木连理的重要原因。另外，不断地发现自然界的连理树启发了有心人去模仿，从而发明了人工嫁接。嫁接之中以类似于天然嫁接的靠接最为简单，我国较早见于文字记载的《氾胜之书》上瓠（葫芦）的嫁接用的就是靠接法，所以周肇基（1994）认为靠接应该是人工嫁接的原始类型。

2. 受寄生植物的启示

种子植物绝大多数是自养的，少数因为缺少足够的叶绿素或由于某些器官的退化而成为寄生性的。寄生性种子植物都是双子叶植物，涉及 12 个科，其中最重要的是桑寄生科、旋花科和列当科。根据对寄主的依赖程度不同，寄生性种子植物可分为全寄生植物和半寄生植物。旋花科的菟丝子和列当科的列当则是农业生产上重要的全寄生种子植物（Melnyk and Meyerowitz，2015）。桑寄生科的植物都是半寄生的灌木，危害热带或亚热带林木。

（1）全寄生种子植物

全寄生种子植物没有叶片或叶片退化成鳞片状，因而没有足够的叶绿素，不能进行正常的光合作用，均是利用其专性的固着、吸收结构——吸器穿过寄主的表皮、皮层而伸达寄主的维管束，这样使寄生植物的维管束与寄主植物的维管束结合在一起，从寄主植物内吸收所需的养分和水分（Kim et al.，2014）。根据寄生部位不同，寄生在植物地上部分的为茎寄生，如菟丝子、桑寄生等；寄生在植物地下部分的为根寄生，如列当等。

（2）半寄生种子植物

半寄生种子植物有叶绿素，能进行正常的光合作用，但根多退化，导管直接与寄主植物相连，从寄主植物内吸收水分和无机盐。例如，寄生在林木上的桑寄生和槲寄生等（Melnyk and Meyerowitz，2015）。

3. 扦插繁殖技术的发展

著名农史学家石声汉（1963）曾提出“我国嫁接技术的来源……大约应当从扦插发展而得”。《诗经 • 齐风》汇集了我国公元前 11 世纪至前 6 世纪诗歌，其中就有“折柳樊圃”的记载，说明那个时代已经发明了扦插繁殖技术。公元 4 世纪时《食经》载有独辟蹊径的“种名果法：三月上旬，斫取好直枝，如大母指，长五尺，内著芋魁中种之。无芋，大芜菁根亦可用。胜种核，核三四年乃如此大耳。可得行种。”其大概意思是把枝条插入到芋或芜菁肥大的球茎根中，枝条利用后者贮藏的水分和养分进行生长，一年即可达到用种子繁殖 3～4 年的效果，这也可能启示人类把果枝直接插入到活的果树根中，从而发明了嫁接技术（周肇基，1994）。《齐民要术》卷四“插梨”，根据对所记内容的解读，就是把梨树枝条插入去头梨树上，这里的“插”即嫁接，说明嫁接来源于扦插。

综上所述，关于嫁接的起源，周肇基（1994）认为中国嫁接的起源不单是受自然嫁接或寄生植物的启发或是源于扦插技术的发展，而可能是三者分别启发诱导不同的有心人去联想、模仿、实践。据推测，自然嫁接可能启发了靠接的产生，寄生植物可能启发了劈接的产生，扦插技术的发展可能启发了插接的产生，而且三者可互相取长补短，经过上千年的发展形成了一套相当完善的嫁接体系。

（二）嫁接技术起源的时间和地点

在世界范围内，古希腊、中东和中国有较早的关于嫁接的文字记载。约公元前424年，古希腊希波克拉底（Hippocrates）的追随者所写的 *On the Nature of the Child* 中曾提到嫁接，并认为嫁接株的果实像接穗而不像砧木（Mudge et al.，2009）。《圣经新约》中的《罗马书》（约公元50年）第11章24节上提到将栽培的橄榄树嫁接到野橄榄树上，可以提高抗逆性。

很多学者认为中国是最早发明嫁接技术的国家（Tsutsui and Notaguchi，2017；王幼群等，2012；林伯年和罗英姿，1995；汤升享和唐云丽，1993；李继华，1980）。那么，中国的嫁接技术究竟始于何时？这是学术界长期争议的话题。20世纪以来，中国学者对我国嫁接技术的起源做了很多考证。其中，追溯出可靠古籍证据的时间节点和记载内容如表1-1所示。章文才提到《齐民要术》（北魏时期）上对“插梨”的记载（Chang，1938）；蔡以欣（1957）提到《氾胜之书》（西汉时期）中有关于植物（瓠）嫁接的记载；吴小航（1985）指出并考证了《尔雅》（周秦时期）上有5条关于嫁接的记载，其中“休，无实李。痤，椄虑李。驳，赤李”这条记载得到了不少学者的认同（林于倢等，2006；周肇基，1994；张宗子，1988），由于该书记载了大量周秦时代的可靠史料，因此不管其成书年代如何，它都是我国嫁接有据可考的最早记载（陈耀华，1989；吴小航，1985）。此后，没有人再提出嫁接可能起源于更早的可靠记载。

表1-1 关于我国嫁接可靠文献记载的追溯

年份	追溯者	古书名称	成书时期	记载内容
1938	章文才	齐民要术	北魏时期	插梨：“桑梨大恶；枣、石榴上插得者，为上梨，虽治十，收得一、二也”“若稆生及种而不栽者，则著子迟。每梨有十许子，唯二子生梨，余皆生杜”
1957	蔡以欣	氾胜之书	西汉时期	“……即下瓠子十颗，……既生，长二尺余，便总聚十茎一处，以布缠之五寸许，复用泥泥之，不过数日，缠处便合为一茎。留强者，余悉掐去，引蔓结子。子外之条亦掐去之。勿令蔓延。”
1985	吴小航	尔雅	周秦时期	“休，无实李。痤，椄虑李。驳，赤李”“檖，萝。楔，荆桃。旄，冬桃。榹桃，山桃”“荟，接余。其叶苻”“槐棘醜乔，桑柳醜条，椒椴醜菉，桃李醜核”“桑辨有葚，栀。女桑，桋桑”

《尔雅》是我国雅学、训诂学和辞书之祖，位列古代经学瑰宝“十三经”之一，

也是我国第一部按义类编排的综合性辞书（王璐，2012；陈安，2009）。虽然我国学术界多数学者认为《尔雅》成书于周秦时期（杨一波，2016；连雯，2015；胡奇光和方环海，2001；何九盈，1984），具体一点就是从西周时期到秦朝，但这一时间跨度与古希腊学者提到嫁接技术的时间跨度有重叠。因此，要想比较我国与古希腊发明嫁接技术的早晚问题，必须考证《尔雅》的成书年代问题。曹魏时代的张揖在《上广雅表》中提出其始作于周公（姬旦），即成书于距今3000年前，但有人认为这种说法有后人增益的成分（吴小航，1985）。杨一波（2016）通过对《尔雅》书名中“尔”和“雅”的含义进行了广泛的古文献考证，表明《尔雅》可能成书于春秋时期；通过对《大戴礼记·小辨》所载孔子之言“……是故、循弦以观于乐，足以辨风矣；尔雅以观于古，足以辨言矣”进行了大量的古文献考证，孔子之言可以取信，且孔子所语“尔雅”当解作书名，故孔子应当读过《尔雅》，因此《尔雅》至少应成书于孔子生活的时代（公元前551～前479年）。假若这一考证得到公认，那么我国就是世界上最早记载嫁接技术的国家，而且笔者认为其所解释的文字或现象可能在更早的书籍中有所记载或者早就出现在社会中，因此对我国嫁接技术来源的考证依赖于考古学家发现新的证据。

二、中国嫁接技艺的演进

我国历史上早期的农书，大多失传了。直到西汉《氾胜之书》才有瓠嫁接的记载：“……即下瓠子十颗，……既生，长二尺余，便总聚十茎一处，以布缠之五寸许，复用泥泥之，不过数日，缠处便合为一茎。留强者，余悉掐去，引蔓结子。子外之条亦掐去之。勿令蔓延。”这是目前所知关于蔬菜嫁接最早的记载，也是我国草本植物嫁接的最早记载，是同种植物间的靠接，目的是结硕大果实以作盛器（瓠）。成书于北魏末年（公元533~544年）的《齐民要术》卷四“插梨”成为我国现存史料中果树嫁接最早且详细的记载，全文600余字，对于嫁接的目的和效果、砧木和接穗的选择、嫁接时令、操作要点及嫁接不同组合等皆有论述，达相当高的技术水平。

唐宋时代，嫁接向更多种类的果树发展，同时受宫廷和官僚富室享乐之风的影响，又以花卉的嫁接盛行于世为特色。《洛阳牡丹记》（欧阳修，1031年）、《洛阳牡丹记》（周师厚，1082年）、《洛阳花木记》（周师厚，1082年）、《梅谱》（又称《石湖梅谱》《范村梅谱》）（范成大，1186年）、《海棠谱》（陈思，1259年）等纷纷问世，反映了花卉业之盛况。不少人靠移花接木为生。洛阳人称嫁接花为“转枝花”。这时出现了许多嫁接高手，如“接花工尤著者一人，谓之门园子，豪家无不邀之，姚黄一接头，值钱五千，秋时立券买之，至春见花乃归其值。”据周肇基先生统计，这个时期嫁接植物已达四十余种，其中以牡丹、芍药嫁接备受青睐。

需要特别指出的是，南宋的《种艺必用》和《种艺必用补遗》，突破了《氾胜之书》和《齐民要术》等农书的传统，收录了不少观赏花卉栽培和嫁接技术的内容。

元代的嫁接技术以桑树为重点并着力于方法的推广和普及。《农桑辑要》引录了《士农必用》（已失传）中的接桑内容，不仅总结了桑品种间嫁接的4种形式——插接、劈接、靥接和批接，而且每种接法都有具体介绍，这是我国桑树嫁接早期的珍贵资料。其后不久，《王祯农书》和《农桑衣食撮要》问世。这3本农书都很重视桑树嫁接技术。例如，《王祯农书·种植篇》系统总结了桑树的6种嫁接方法——身接、根接、皮接、枝接、靥接和搭接，几乎包罗了所有的嫁接类型，证明当时嫁接技术已相当先进。

明清时期商品经济发达，国内外对果品的需求增加，果树经济价值提高，推动了果树嫁接种类的增多和地域的扩大。例如，现在的广东省佛山市顺德区陈村当时已成为花木、果苗嫁接和销售中心地区。明朝《二如亭群芳谱》（简称《群芳谱》）、清朝《花镜》都收录了诸多花卉果木的嫁接方法，内容有不少扩展，且嫁接技艺更加成熟。

第三节 嫁接在植物改良中的作用

对于天然嫁接的观察，可能启发了公元前几百年嫁接在农业和园艺中的应用（Mudge et al.，2009）。众所周知，嫁接在当今果树和蔬菜栽培生产中仍具有广泛的用途。除此之外，嫁接在植物育种和基础理论研究中也有重要的应用价值，下文将分别进行详细的阐述。

一、嫁接在栽培中的实际应用

（一）嫁接是一种重要的繁殖方法

不少果树和其他一些植物主要靠异花授粉，若用种子繁殖，其后代会出现大量变异，这些变异多数是不利的，因而失去了亲本的一些优良性状，故在生产上不宜用种子繁殖，最好采用无性繁殖的方法。有些植物的枝条难以生根，因此当采用压条和扦插繁殖难以奏效时，只好用嫁接繁殖。此外，嫁接繁殖时，由于一段枝条或一个芽，甚至一个茎尖均能嫁接成为一株完整的嫁接苗，繁殖系数高。因此有些虽可采用压条、扦插等方法繁殖的植物，在大量繁殖时也常采用嫁接法。

（二）通过嫁接达到预定的栽培目的

繁殖是嫁接最基本的功能。如果充分利用砧木和接穗的特性及其相互影响，就能达到多种具有特殊意义的栽培目的。

1. 保持和发展优良种性

异花授粉植物如草莓、苹果、梨等若用种子繁殖，后代在生长发育、外部形态、产量、品质、成熟期等诸多方面均有差异，难以达到种植管理和市场消费对一致性的要求（高新一，2001）。而用嫁接繁殖时，由于接穗一般取自遗传性稳定的成龄植株，而砧木一般是一、二年生的幼龄实生苗，尽管接穗也受砧木的影响，但其遗传性基本不变（张晓丽，2002），而且采用与接穗亲和性及互补性强的优良砧木还可发展其优良性状，提高产量和改进品质。无性繁殖植物若采用扦插、压条等方法难以生根，也可采取嫁接繁殖（何海洋等，2016）。

2. 更新品种

利用高枝嫁接来更换品种，可以在短期内实现品种更新而不致过多地降低产量。特别是用来改造老果园、老茶园等时，还可起到恢复树势、实现早期丰产、整形等多重目的。

3. 提早结果

对于通过种子繁殖的多年生植物，必须生长发育到一定年龄，才能进入开花结果期，若通过嫁接繁殖，由于接穗一般取自栽培品种的成年植株，即已经进入性成熟阶段，因此，嫁接植株只有营养期而无幼年期，这样就比通过种子繁殖的植物早进入开花结果期。例如，用种子繁殖的苹果实生苗一般要 6～10 年才开始结果，而嫁接繁殖的苹果树 3～5 年即可结果，若采用矮化砧嫁接或高接时，1～3 年即可结果；如果接穗带有花芽，嫁接植株当年就能开花结果。这是因为嫁接相当于环状剥皮，可使局部输导组织受阻，有利于地上部分营养物质的积累，所以也能提早开花结果（高新一，2001）。利用此法，可以缩短一些童期较长的果树育种周期。

4. 控制株型

利用砧木对接穗的影响，可控制植株的高矮和形状。矮化密植栽培已成为当前国内外果树发展的趋势，利用矮化砧、矮化中间砧可使树体变矮。例如，一系列用于矮化苹果的砧木被开发出来，并且完成了与矮化性状相关的遗传标记分析（Wang et al.，2017），这不仅便于果园管理，还能使果树提早结果，提高果实品质，经济利用土地，取得明显的经济效益；有些植物由于植株较高，做杂交不方便，也可以通过嫁接的办法降低植株高度，以便于操作，如黄红麻；而对于用材树则要求树木有高大通直的树干，这就要采用乔化砧嫁接，如用加拿大杨作砧木嫁接毛白杨，当年就能长到 3～4m 高（张晓丽，2002）；为使贴梗海棠乔木化以提高观赏效果，封丙军（2007）以野苹果苗作砧木枝接贴梗海棠，年生长量 70cm，健壮整齐，翌年即可出圃。

5. 增强抗病虫性

充分利用抗逆性优良的植物资源作砧木，可提高接穗抗病虫能力（卢昱宇等，2014；Zhang et al.，2013；别之龙，2009；李素梅，2008）。研究辣椒植株对疫病和细菌性枯萎病的抗性也证实了嫁接的效果，5 种商用砧木和 9 个育种品系被用作‘Nokkwang’接穗的砧木，其中 3 个被选中，因为它们对抗疫病菌和细菌性枯萎病的抗性更强，而且产量或品质没有降低（Jang et al.，2012）。

许多蔬菜作物受到土壤传染性病虫害的威胁，尤其是近年来随着蔬菜生产的专业化和设施栽培的发展，连作增多，土壤病害有逐渐加重的趋势，利用抗性砧木进行嫁接栽培是预防土壤病害最有效的途径。例如，将茄子嫁接在番茄和粘毛茄上可有效地防治黄萎病（李云鹏等，2007）；将西瓜嫁接在葫芦、南瓜和冬瓜上，将黄瓜嫁接在黑籽南瓜上均可有效地防治枯萎病（徐胜利等，2004）。翁祖信等（1993）以云南黑籽南瓜作砧木，适宜的黄瓜品种作接穗进行嫁接，防治枯萎病效果为 78%～100%，对疫病也具有高度抗性，并能减轻白粉病，而且能增产。

嫁接还可用于提高植物果实的采后病害抗性。例如，嫁接可以减轻‘Hass’鳄梨果实采后病害的蔓延（Montero Tavera et al.，2010），由真菌——胶胞炭疽菌（*Colletotrichum gloeosporioides*）引起的炭疽病是鳄梨果实最严重的采后病害，砧木可以显著影响接穗的采后炭疽病抗性，这可能与接穗中抗真菌二烯的增加和矿物质营养物质的改善有关（Willingham et al.，2001）。

此外，研究表明嫁接到线虫抗性砧木上的番茄品种比未嫁接的实生苗获得了更高的产量（Owusu et al.，2016）。在黄瓜（Giné et al.，2017）、茄子（Uehara et al.，2016）和辣椒（Ibáñez et al.，2014）中也发现了类似的结果。

6. 增强生态适应性

嫁接也可以影响对非生物胁迫如旱涝、盐碱和高低温等的适应性。樱桃番茄的试验研究发现，耐旱砧木上的嫁接导致接穗果实产量提高（Sanchez-Rodríguez et al.，2012）。研究表明，通过将黄瓜嫁接到南瓜砧木上可以缓解黄瓜中的盐胁迫。盐胁迫的缓解可能是由于盐渗透期间氮代谢的变化引起光抑制延迟（El-Shraiy and Mostafa，2016；Colla et al.，2012；Huang et al.，2010）。此外，番茄对热胁迫的抗性（Rivero et al.，2003）和棉花对冷胁迫的抗性（Zhang et al.，2013）为探索这种现象的机理提供了更多的选择。

果树适宜在山区发展，而我国北方山区往往旱象比较严重，而且不少地方缺乏灌溉条件。为了提高抗旱性，可以选用抗旱性强的砧木进行嫁接。例如，可将苹果、梨、桃、杏、山楂和枣分别嫁接在山荆子（山定子）、杜梨、山桃、山杏、野生山楂和酸枣上。在一些易涝地区栽种果树，可选用抗涝性较强的海棠、榅桲（木梨）、毛桃、欧洲酸樱桃和枫杨分别作为苹果、梨、桃、樱桃和核桃的砧木。用丝瓜作砧木嫁接西瓜也可明显地提高西瓜的耐涝性，而不影响其口感品质。

在林木栽培中，胡杨能生长在土壤含盐量为3%～5%的土壤中，但干形不好；新疆杨干形虽好，但耐盐性差。利用胡杨作砧木嫁接新疆杨，既能发挥胡杨的耐盐性，又体现了新疆杨干形的通直高大。20 世纪 80 年代，我国从日本引进耐盐碱的苹果砧木‘珠美海棠’，为北方盐碱地区苹果产业生产发展开辟了新的途径。

值得注意的是，有些砧木还具有多种适应性。例如，用尖叶木犀榄砧木嫁接油橄榄，既可以增强油橄榄对酸性红壤的适应性，又可增强油橄榄对干旱环境和某些病害的抗性。此砧木已在我国西南部油橄榄适生区应用于生产。

7. 提高产量

瓜果类蔬菜栽培中，常由于砧木，尤其是异种砧木比接穗原株根系发达，吸收肥水能力强，因此接穗生长发育旺盛，获得增产（常高正等，2009）。翁祖信等（1993）用云南黑籽南瓜嫁接黄瓜，明显提高了黄瓜的产量，其中早熟品种增产93.2%，中、晚熟品种增产 184.6%～355.5%。高文范等（1986）用八棱白角瓜嫁接‘早花 3301’‘金露’等早熟西瓜品种，嫁接株平均亩[①]产 2071kg，自根苗对照仅 600kg，增产 245%。

据陆斌和邵则夏（1993）报道，位于云南西北部和西部的丽江、迪庆、怒江、保山等地区分布着许多以毛叶木瓜（*Chaenomeles cathyensis*）、皱皮木瓜（*Chaenomeles speciosa*）、野木瓜（*Chaenomeles* sp.）等作砧木嫁接的苹果树，当地俗称‘木瓜苹果’。一般在冬、春季切接、劈接或腹接，容易成活，其树体高大，适应性强，极丰产。其中，有一株以木瓜为砧木的 45 年生的‘金冠’苹果树，株高 6m，冠幅 6m×7m，单株产量可达 100kg。许多杏品种由于坐果率低，因此产量很低。据王洪善等（1997）报道，用大龄桃树改接杏树，成活率都在 80%以上。改接后，亲和力较强，当年生长量达到 2m，第 2 年结果株率达 90%，第 3 年实现丰产，而且果实品质明显提高。

韩国忠清南道农村振兴院的研究人员分别于 1991 年 9 月和 10 月栽种番茄和马铃薯，于 11 月在塑料大棚内进行嫁接，长成植株上所结的番茄，其糖分比一般番茄多，马铃薯的生长期由 110 天延长到与番茄同步的 160 天，收获量比一般品种高 3.8 倍（刘传锦，1993）。另据报道，英国 Thompson and Morgan 园艺公司主管 Paul

① 1 亩=1/15hm^2

Hansord 培育出一种神奇的嫁接植物，即将番茄嫁接到马铃薯上，名为番茄薯（TomTato®），一株可产 500 多颗小番茄和大量马铃薯（Kümpers and Bishopp，2015）。

8. 改进品质

农谚说“果树不接不甜”，指的就是果树嫁接的重要性。同一接穗品种，当嫁接在不同的砧木时，其果实品质会发生很大的改变（黄远等，2012）。在果树生产上，一般要经过砧木对比试验，尽量选择能使果实品质改善的优良砧木。据《齐民要术》记载，在枣和石榴上嫁接的梨，其果实品质优。“桑上接杨梅则不酸”，说明杨梅的风味品质在嫁接后得到改善。“柿上接桃，则为金桃”，说明桃的外观品质在嫁接后得到改善。阮镜波在柿子树上嫁接的龙眼，其果实比普通龙眼大两倍以上，而且核小肉厚（江幼农，1955）。我国劳动模范石玉殿（1951）在君迁子上嫁接葡萄，结出了无核的果实，提高了食用价值。又如，‘红富士’苹果嫁接到 MM105 砧木上时，果实外观最好，风味最佳；嫁接到 M7 砧木上时着色较好，但底色暗绿；嫁接在 M25 砧木上时，可溶性固形物含量较低，果形略扁（刘用生等，1998）。徐森等（1994）在山楂树上嫁接苹果，使‘国光’苹果提前一个多月上色，使‘新红星’苹果的色泽红似山楂，使‘金冠’苹果果质细密、多汁味甜、香气浓，可溶性固形物含量达到 15%。此外，我国广大农村有丰富的野生果树资源，这些野生果树所结的果实品质低劣，不堪食用，经济价值很低，可将它们改造成经济价值较高的植株，如可将杜梨、软枣、酸枣等分别改接成梨、柿和大枣。

9. 培育无毒苗

利用茎尖生长点附近 2mm 以内不带病毒的特点，采用茎尖微嫁接技术可以大量生产无病毒良种苗木（刘科宏等，2016），这在西班牙、美国和日本等国均已作为“柑橘品种改良计划”在全国范围内实施。我国在柑橘、苹果、葡萄、香蕉、甘蔗、草莓等植物上也有应用。此外，将无病毒苗木的枝、芽作接穗，嫁接在特定的指示植物上，可鉴定无病毒苗的真伪（罗正荣等，1996）。

10. 实现一年生作物的多年生栽培

利用嫁接可实现一些一年生作物的多年生栽培，例如，周瑞阳（2011a）在常年无霜的广西南宁，将不能自然越冬的一年生棉花嫁接到越冬性强的多年生棉花上，并宿根栽培嫁接植株。该法扩展了一年生棉花的多年生栽培范围，且因生育期延长，可大幅度提高产量。

11. 固定杂种优势

嫁接作为一种无性繁殖法，可用于固定植物的杂种优势。例如，南京林业大学季孔庶利用嫁接来固定杂交鹅掌楸的杂种优势（谭文芳等，2002）。杨学高等（2007）报道，利用锯桩芽接杂交桑改造老桑园，可建成大面积见效快、成本低的新桑园。周瑞阳（2011b）发明了一年生棉花的多年生栽培方法，利用该法将不能自然越冬的一年生杂交种嫁接到多年生棉花上，可实现棉花杂交种的杂种优势固定。

（三）巧用嫁接技术达到改造植物的目的

1. 改换性别

有很多植物是雌雄异株，雌雄株各有其特点，如银杏雄株不结果，可用雌性接穗改接成雌株，或将雄株枝条嫁接到雌株上，使银杏变为雌雄同株而获得高产。用毛白杨作行道树，常因雌株种子成熟后产生飞絮影响清洁，因此把雌株嫁接成雄株（张晓丽，2002）。阿月浑子（*Pistacia vera*），俗名开心果，是一种经济效益很高的经济树种，但幼树期生长缓慢，同时由于阿月浑子是雌雄异株，幼树期大田难以鉴别雌雄植株，采用嫁接繁育，既可加快苗木培育速度，又可调节雌雄植株建园比例，极大地节省了时间和人力（李建红等，2003）。

2. 克服家庭园艺中存在的一些困难

许多果树如苹果、梨等为异花授粉，如果在庭院中只栽一株树，往往由于不能正常授粉而出现只开花不结果的现象，在这种情况下，可以嫁接适宜品种的果枝作为授粉品种，而不必另栽授粉树。为了能在有限空间内保存尽可能多的果树品种资源或是想品尝到不同成熟期、不同风味的果实，可以在一株树上嫁接不同品种，甚至不同树种，这时嫁接还起到了充分利用空间的作用。例如，2013 年 9 月 29 日，英国《每日邮报》（*Daily Mail*）报道了英国园艺师 Paul Barnett 为了在空间有限的自家花园里保存尽可能多的苹果品种，从 1989 年开始利用嫁接技术，花费 24 年让一棵高达 20 英尺①的苹果树同时长出了 250 个不同品种的苹果，其中最早的品种是起源于 1883 年的‘Withington Fillbasket’（Craig and Luke，2013）。另据 2015 年《百姓生活》报道，安徽临泉县农民韩国平嫁接的一棵桃树于 2006 年结出日本李子、美国黑桃、伊朗柿子、中华大白桃等 56 种水果品种，他把这棵奇树取名“民族团结树”，并于 2009 年 3 月获得了上海大世界基尼斯总部颁发的“单棵树嫁接、结果品种数量之最”证书（老歌，2015）。此外，对于利用“一木多果”构建的果园来说，既有利于丰富果树品种资源的多样性，又有利于选择与砧木相适应的优良接穗品种，同时由于果实分批成熟还能降低劳动强度并带来更高的经济效益（李景全，2006）。

① 1 英尺=0.3048m

3. 扩展观赏价值，美化环境

（1）人造连理树

利用靠接法，就能造成人工连理树，供人观赏。例如，北京故宫御花园和中南海内的连理柏，就是人工造成的，已成为著名的一景。浙江新昌县大佛寺内的千年古银杏，在离地面 3m 高处长出两棵树，一为女贞，一为榆树，三树同根，连理连枝，吸引了众多的游客。美国加利福尼亚州有个“树木竞技场”，它由 67 种造型别致、千姿百态的嫁接树组成，生趣盎然，仿佛是一个嫁接技艺博物馆。

（2）一木多花（果）

利用嫁接法能在一株砧木上嫁接多个品种，实现单株开异花，甚至结异果。由于品种多样性的存在，不但极大地增加了观赏性，而且可以延长花（果）的观赏期。例如，山东菏泽赵楼村有一株嫁接了 10 个不同花色品种的‘十样锦’牡丹；沈阳北陵公园刘玉增用毛鹃作砧木高接了几十个杜鹃花品种，绚丽多彩。

（3）花卉造型

花卉市场上各种各样的“艺菊”，一般均是采用黄蒿、青蒿、大籽蒿、蕲艾等作砧木嫁接栽培菊培养而成（吴虹等，2004；符景华，1994）；樊祥新将幼菊嫁接到青蒿的枝上，株高 2.5m，称为“塔菊”（倪正平和陈亚东，1995）。符景华（1994）用向日葵作砧木嫁接的桩头菊，根系庞大，茎秆粗壮，枝叶茂盛，花大色艳，看上去犹如经年老树，枯树逢春，苍劲挺拔。魏仁夫妇将不同颜色、不同形态的各种仙人球嫁接在虎刺砧木上，经过多年生长，大大小小的仙人球千姿百态，并开出颜色、形态各异的花朵，可谓百花争艳，而且四季常青，果实累累，树上的球形态似果，又似花，观之妙趣横生（任保国，1991）。《调燮类编》《花镜》和《菽园杂记》中记载的将牡丹嫁接在椿树上形成的“楼子牡丹”（不是通常所说的楼子类牡丹，而是指开放的牡丹高过楼台，故又称“楼台牡丹”）也属这种类型。

（4）产生稀有花色

中国古代在楝、冬青树上嫁接梅花所产生的墨梅，在观赏园艺中具有很高的价值，因为墨色的花在自然界中十分罕见。在苋菜和鸡冠花上嫁接葫芦，结出的“红葫芦”别具特色。

4. 挽救垂危植物

当树木受了机械损伤，或被牲畜啃了皮，或有了烂皮病，如果树皮损伤深达木质部并绕树干一周，由于输导组织破坏了，养分不能正常运输，树体将死亡。采用桥接法来修补伤口，沟通养分的运输通道，可令树木转危为安。

二、嫁接在植物育种实践中的作用

（一）保存特殊的育种中间材料

由于植物无性突变、单倍体、非整倍体及易位体等育种中间材料难以保存，体细胞再生植株、转基因植株、茎尖培养植株等无菌苗直接定植成活率低，因此，在一定程度上制约了远缘杂交、生物技术和细胞工程在植物遗传改良等方面的应用，但嫁接能够改善这一状况。例如，王清连等（1999）报道了利用嫁接的方法解决棉花再生植株生根难和转基因植株移栽成活率低的问题之后，大量文献陆续报道应用嫁接技术移植棉花再生苗（Akhtar et al.，2002；Zhu and Sun，2000；Luo and Gould，1999；王伟和朱桢，1999）。例如，河北农业大学马峙英等（2006）研究出对大规模保存棉花遗传分离群体、稀有种质资源和远缘杂交不育材料具有特殊意义的高效嫁接技术——“接合法”，利用此技术大规模嫁接棉花转基因植株、遗传分离群体和常规棉等，再生苗成活率高达 90%～100%（王彦霞等，2007）。李冠等（2017）利用嫁接进行落花生（*Arachis hypogaea*）离体再生苗的保育繁殖时，在接穗为‘花育 20 号’的嫁接当代植株中发现有 1 株出现明显的变异，茎枝由绿色变为紫色，叶片由椭圆形变为长椭圆形。

（二）克服远缘杂交不亲和性

远缘杂交可突破种属界限，扩大遗传变异，创造新的变异类型或新物种。种内杂交都比较容易成功，但种属间的远缘杂交，尤其是属以上的杂交，由于亲缘关系远，在长期的进化过程中，形成了各种隔离机理，受精过程很难进行，有性杂交不能正常结实，这是远缘杂交育种中一个很大的障碍。

目前，远缘杂交的主要途径有常规有性杂交、体细胞杂交、离体受精、花粉管通道法、基因转导等，也可通过采用“预先嫁接接近法”（也称预先无性接近法）来克服远缘杂交不亲和性的困难。何德辉（1980）通过多年红麻远缘嫁接杂交研究，认为“通过红麻远缘嫁接杂交，选育新品种是很困难的，只有把远缘无性杂交作为桥梁，再进行远缘有性杂交，才会比较有希望”。为了获得抗霜霉病的黄瓜品种，研究人员曾用黄瓜和丝瓜进行远缘杂交，但授粉不结实。于是将黄瓜作接穗预先嫁接在丝瓜上，再用丝瓜和黄瓜的混合花粉给黄瓜授粉，收到良好效果（刘用生，2001）。陈卫江等（2012）为了创制甘蓝型油菜萝卜细胞质雄性不育恢复材料，利用嫁接克服远缘杂交生殖障碍导入外源恢复基因，育成了一份甘蓝型油菜 Ogu CMS 纯合恢复材料“CLR650”。杜海波等（2012）为了选育出在吉林省西部地区生长快且耐盐碱性强的杨树新品种，选用了白杨派银新杨（母本）作接穗，嵌芽嫁接到青杨派小叶杨（父本）砧木上，再进行远缘杂交育种，提高了远缘杂交的结实率，而且杂种苗具有明显的双亲性状，解决了两派之间杂交不亲和这一难题，为杨树新品种培育开辟了新的途径。王杰成（2013）为了培育含有药用植物成分的新型香料烟草品种，将母本香料烟草（aromatic tobacco）幼苗嫁接于小花烟草和香苏烟草植株上，再与紫苏（*Perilla frutescens*）与气香草（*Ocimum basilicum*）在适当环境条件下进行科间远缘杂交，可以成功解决香料烟草与上述两种药用植物有性杂交不亲和的问题。枸杞和辣椒、茄子的有性杂交困难，王成玉和马贵龄（2013）先将辣椒或茄子（母本）嫁接到枸杞（父本）上，然后进行有性杂交，克服了父母本之间的远缘有性杂交不亲和性，可培育辣椒或茄子新品种。

（三）利用嫁接引发的可遗传变异育种

从经典生物学理论上讲，因嫁接是无性繁殖，不会引起接穗后代性状的改变，但很多研究发现某些嫁接可以引起可遗传性的表型变异，为育种提供了新的种质资源。根据 Fuentes 等（2014）的研究，整个细胞核基因组可以在接穗和砧木的植物细胞之间近距离转移，从而形成了新的来源于不同物种的多倍体植株。研究这些表型变异背后的分子机理，可能会提供对最佳育种方法的深入了解（Wang et al.，2017；Melnyk and Meyerowitz，2015；Goldschmidt，2014）。

刘乃森和刘福霞（2007）将嫁接引起的可遗传变异分为 4 类：①普通嫁接引起的变异。例如，Taller 等（1999，1998）通过开展辣椒种内嫁接并繁殖接穗后代，获得 5 个双尖果型的可稳定遗传突变系及若干亚系，通过连续导入优异数量性状，再加以选择，培育出一系列综合性状优良且遗传稳定的辣椒新品种。Tsaballa 等（2013）将圆果形辣椒品种‘Mytilini Round’嫁接到长果形辣椒品种‘Piperaki Long’上后，接穗所结的果实变为长果形，并且已经连续保持两代，后经 ISSR 分析表明接穗后代发生了遗传变异。②嫁接蒙导引起的变异。与常规嫁接相比，其特点是砧木苗龄要远大于接穗，嫁接愈合后要经常摘掉接穗上的下部叶片，只保留顶部的几片，使接穗基本“寄生”在砧木上。例如，Yagishita 等（1990）发现蒙导法嫁接辣椒，后代果实的丛生、非丛生性状与果实的直立、非直立性状有变异，并且连续观察到第 26 代，发现这种变异仍可以稳定遗传。③嫁接时进行病毒接种及 DNA 处理引起的变异。例如，Ohta（1991）在作辣椒的嫁接蒙导时，对部分嫁接进行了病毒接种和 DNA 处理，发现接穗后代的变异频率有明显差异。④远缘非特异性嫁接逆境引起的变异。孟昭璜和芦翠乔（1989）成功地将绿豆嫁接在甘薯上，并由此培育出了薯绿豆新品种，与非嫁接品种相比，其千粒重提高 94%，碳水化合物含量增加 13%，产量提高 14%～56%。Zhang 等（2002）将从薯绿豆品种上收获的绿豆种子连续播种几代，发现其后代中出现明显的遗传变异，进而对变异品系的细胞质和细胞核 DNA 进行了分析。结果显示，在原绿豆和变异品系之间未发现细胞质 DNA 的限制性片段长度多态性（restriction fragment length polymorphism，RFLP）差异，而细胞核 DNA 却发生了高频率的序列重组；同时未发现砧木与接穗间基因转移的迹象，据此推测远缘嫁接变异很有可能是嫁接生长逆境诱导的抗逆变异。

（四）用于无性变异植株的遗传稳定性测定

对于植物无性变异的遗传稳定性测定，可从变异株上取接穗进行嫁接，比较嫁接株与变异株在物候期、生物学特性和主要经济性状等方面的差异，并结合分子标记技术进行验证。董晓颖等（2003）对油桃新品种——‘超红短枝’进行高接和多代嫁接后，其叶片大小、新梢长度、节间长度、果实性状等生物学特性与变异母株均无显著差异；主要物候期与变异株基本一致；果实生长发育节奏、生长发育曲线表现为高度的相似，通过分析过氧化物同工酶发现，变异株、高接树和嫁接树的过氧化物同工酶谱带完全相同，由此得出，该变异株遗传稳定。此外，应云连等（2005）对‘红晶’李的遗传稳定性研究，邢世岩等（2006）对叶籽银杏的遗传稳定性研究，以及姚军等（2014）基于 ISSR 标记的少果毛一球悬铃木遗产稳定性分析均采用了嫁接的方法并得出遗传稳定的结论。

（五）用于杂交制种

利用嫁接可以解决某些植物杂交制种中存在的问题，南京农业大学张天真曾指出“马铃薯、甘薯、白菜类、棉花、观赏植物等凡是无性繁殖的植物均可通过块根、块茎、扦插、嫁接等无性繁殖法繁殖核不育系，以省略不育系繁殖时对可育株费工、费时的鉴别和拔除”（张天真，1991）。又如，绝大多数甘薯品种在我国中部和北部省区的自然条件下不能开花或花而不实，严重限制了杂交制种的效率，四川省农业科学院作物研究所谭文芳等（2002）利用牵牛、茑萝和蕹菜的实生苗作砧木，嫁接甘薯亲本，促进甘薯开花，授粉后得到较多的杂交种，达到一年制、种多年使用的效果。针对我国棉花杂交制种成本较高的问题，广西大学周瑞阳（2011b）提出了在土地价格相对便宜且少有台风的南亚热带地区，将难以自然越冬的一年生陆地棉细胞核雄性不育系嫁接到多年生棉花上进行宿生繁殖与不育性保持，达到一年嫁接、多年杂交制种的目的，为棉花杂交种子生产提供了新的途径（Zhang et al.，2013）。这种杂交制种方法不需每年播种和耕整土地，可以减少生产资料和劳动力投入，有利于生态环境保护；对细胞核雄性不育系不但不必去杂去劣，还可以省却姊妹交保持程序，降低了雄性不育系的繁殖成本，简化了杂交种子生产程序，并能够提高杂交制种的产量和纯度，并降低棉花杂交种的价格（Zhou，2016）。

三、嫁接在基础理论研究中的作用

（一）在植物生理学研究中的作用

随着科学的不断发展，嫁接在植物生理学研究中的意义愈来愈重要。嫁接被广泛地用来研究愈合作用，砧木与接穗的相互影响，亲和性机理，组织的极性，物质在植物体内的吸收、合成和转移，激素的合成和转移，春化作用的生理，植物的电波传递等问题（王幼群，2011；贾贞和韩天富，2010）。卢善发和杨世杰（1995）在黄瓜/南瓜的种间远缘嫁接研究中发现，电波从接穗跃过嫁接界面向砧木传递与嫁接的组织学变化相关。Kollmann 和 Glockmann（1985）在蚕豆/向日葵的科间远缘嫁接中发现，当接穗和砧木的愈伤组织细胞直接接触后，两者之间可以形成细胞间的连接——胞间连丝，这是在嫁接基本理论研究中的重大发现。虽然早在 20 世纪初期就有人在光学显微镜下观察到接穗和砧木细胞可以形成胞间连丝，但其存在的真实性一直受到怀疑，主要是由于难以确定嫁接双方细胞间的界限。将蚕豆嫁接到向日葵上后，由于在超微结构上两种植物愈伤组织细胞各自具有明显的细胞学特征，因此可以准确区分接穗细胞和砧木细胞，在两种细胞所共有的细胞壁上能观察到胞间连丝的存在。嫁接结合体中细胞壁融合后，胞间连丝三五成群地延伸出细胞壁的内部空间，互相连接相邻细胞的原生质体（Kollmann and Glockmann，1985）。然后，异质细胞通过胞间连丝互相嵌合（Melnyk and Meyerowitz，2015）。胞间连丝为小分子提供通道，甚至选择性地允许大分子如蛋白质和核酸的移动。

嫁接结合部的维管重建可以使大分子运输（Harada，2010），目前已经确认生长素、细胞分裂素、乙烯和茉莉酸等植物激素参与了维管再生（Yin et al.，2012；Mähönen et al.，2006）。此外，嫁接诱导的表型变化已经引发了对控制砧木-接穗相互作用的内源性因素的研究。历史上，植物学家认为植物激素调节植物营养生长和繁殖中的作用是造成这些相互作用的原因。植物中的激素受反馈回路调节，并在非嫁接植物中保持平衡。桃子嫁接研究表明，嫁接后激素平衡受到干扰（Sorce et al.，2002）。由于许多植物激素是高度移动的，它们可以轻易地转移到嫁接嵌合体中。现有证据表明，激素信号转导涉及根茎相互作用，包括嫁接结合部形成、接穗-砧木交流和植株生长发育（Aloni et al.，2010）。

（二）在植物病理学研究中的作用

病毒病可以通过嫁接从一个植株转移到另一个植株上，因此在病理学上，嫁接可作为鉴定无病毒苗真伪的有效方法。将被检验的植物枝或芽嫁接在高度易感的指示植物上，如果指示植物表现出明显的症状，说明接穗带有病毒。在生产中发现，由梨树园改造的苹果园，或梨树与苹果混栽的果园中，苹果锈果病发病率较高，但梨树未见任何症状。陈炜等（1988）通过梨树与苹果树的属间嫁接发现，苹果锈果病与梨树有关。进一步研究类病毒或与其相关的基因是如何从梨树转移到苹果树上的，对于探索类病毒的起源、进化及防治都具有重要意义。除了病毒和类病毒，嫁接传递的病原体还包括限于韧皮部的细菌和植原体（Legrand，2015）。

基因沉默是植物抗病毒的一个本能反应，为用抗病毒基因植物工程育种提供了具有较大潜在实用价值的策略——RNA 介导的病毒抗性（RNA-mediated virus resistance，RMVR）。例如，杨国顺等（2012）针对黄瓜花叶病毒（cucumber mosaic virus，CMV）的 5 个编码区分别设计构建了 RNA 干扰载体并获得了高抗 CMV 病毒植株，以此作为砧木嫁接非转基因感病番茄品种，使接穗获得了 CMV 病毒抗性，而且未在接穗中检测到砧木中超表达的 *nptII* 基因，说明上述方法获得的抗病毒植株能够有效规避公众对转基因生物安全性的担忧。此外，嫁接具有加速病毒诱导的基因沉默（virus-induced gene silencing，VIGS）的作用（Yan et al.，2018），这对利用嫁接进行病毒诱导的表观遗传修饰研究具有重要意义。

值得注意的是，反转录病毒（retrovirus）也是植物种间基因交流的一种有效的媒介（Peterson-Burch et al.，2000），其在植物嫁接接合部愈合过程和嫁接诱导的可遗传变异中的作用值得进行研究。

（三）在植物遗传学研究中的意义

我国已故遗传学家方宗熙（1961）曾指出：“嫁接杂交可以丰富遗传学内容，在实践上和理论上开辟了新的途径，值得进一步深入研究。”远缘嫁接中常出现较多的变异，例如，在染色体数不同的茄科植物的属间嫁接中观察到染色体的性状有很大的变异，这些变异包括：生殖过程的破坏、性细胞内染色体数量的改变、染色体形状的改变、染色体不同染色程度和染色体易位的出现等（何德辉，1980），所有这些变异在种内嫁接时通常是观察不到的（张宇和，1984）。目前，嫁接已作为遗传学研究的一种有价值的手段，如利用嫁接研究某些复杂的亲缘关系，利用嫁接形成的嵌合体研究行为遗传学和发生遗传学（吴珊等，2007），以及研究嫁接诱导的变异性状的遗传规律及其遗传稳定性验证等（Tsaballa et al.，2013）。此外，嫁接有助于揭示果树遗传背景复杂性的原因（Liu，2005）。

（四）在分子生物学研究中的意义

植物嫁接中涉及分子生物学研究范畴的问题很多，也很关键。例如，嫁接植物中分子信号的运输主要发生在韧皮部，这需要维管组织在伤口愈合后重新连接。重新连接过程已经得到很好的体现，但是对这个过程所依赖的分子机理仍然知之甚少（Wang et al.，2017）。

目前，尽管植物嫁接诱导变异的现象普遍存在，但其变异的产生机理——水平基因转移（horizontal gene transfer，HGT）和表观遗传调控（epigenetic regulation）尚缺乏可靠且全面的分子生物学证据支持（王燕等，2011）。近年来，越来越多的研究正努力确定嫁接植株中 DNA、RNA 和蛋白质等大分子如何在接穗和砧木之间转移，以揭示控制植物性状的嫁接诱导变化的机理（Paultre et al.，2016）。例如，研究证明嫁接植物的接触区域存在着叶绿体基因（Stegemann and Bock，2009）、整个叶绿体基因组（Stegemann et al.，2012）或整个线粒体基因组（Gurdon et al.，2016）甚至整个细胞核基因组在砧木和接穗的水平转移（Fuentes et al.，2014）。又如编码蛋白质的信使 RNA（mRNA）可能是涉及植物嫁接的重要信号分子，运输的 mRNA 可以作为调节信号或在目标器官中产生功能性蛋白质。Haywood 等（2005）使用嫁接试验表明，韧皮部长距离运输赤霉酸（GAI）RNA 可改变叶片形态。进一步的研究表明，GAI RNA 含有长距离转运的特异性元件，因为 GAI 编码序列和绿色荧光蛋白（green fluorescence protein，GFP）RNA 的融合转录物可能移动很长距离，但游离 GFP 不能。对 GAI 结构域序列基序的分析显示，编码序列和 3′非翻译区（3′-untranslated region，3′-UTR）对于移动是必需的。此外，独特的三级结构可能是造成 RNA 移动的机理，因为移动缺陷型 GAI RNA 中二级结构的恢复不能整体拯救 RNA 的移动（Huang and Yu，2009）。巧合的是，马铃薯韧皮部移动的转录物 StBEL5 的 3′-UTR 也被证明在 mRNA 稳定性和迁移至根系中起重要作用（Cho et al.，2015；Banerjee et al.，2009）。为了进一步探索引发移动性的 RNA 结构域和靶组织中转运的 mRNA 的去向，学者做了很多研究。例如，Zhang 等（2016）的研究中产生了具有独特的 tRNA 类似结构（TLS）的 mRNA，发现这些 mRNA 可以穿过嵌合的嫁接结合处移动，并且可以在运输后被翻译成蛋白质。结果表明，具有基序的 tRNA 衍生的结构域序列是触发 mRNA 转运到远处植物细胞所必需的，为促进细胞间 mRNA 运输和转运 mRNA 的去向的分子机理提供了潜在的解释。

此外，对于其变异的维持机理（遗传规律）也需要利用分子生物学技术进行深入研究。随着基因组学和表观遗传学突飞猛进的发展，将会系统地揭示嫁接诱导变异的分子机理和遗传规律，这对于嫁接变异技术的成熟及其在育种中的应用至关重要。

四、关于植物嫁接的展望

嫁接技术从“接口抹黄泥，用树叶包扎，用草绳捆绑”发展到应用蜡封接穗、塑料薄膜包扎，以至于微嫁接技术、嫁接机的问世，新的嫁接方法不断被创造出来，嫁接的成活率和效率正逐步提高，应用也更加广泛。砧木和接穗之间的亲和性是嫁接成功的基础。目前，对砧穗间的相互影响机理，特别是在嫁接亲和机理的研究方面，仍未有一个比较科学的解释（曹建华等，2005）。研究发现，同一科不同属的嫁接很少亲和，但同一属中不同物种的嫁接可以通过形成有效的嫁接结合部而生存（Goldschmidt，2014）。除单子叶植物外，大多数自体嫁接是亲和的。由于嫁接所需的创伤破坏了植物维管系统（Asahina and Satoh，2015），维管系统重新连接以维持正常的水分和营养运输是必要的。大多数单子叶植物没有维管形成层，这可能是嫁接失败的原因（Melnyk and Meyerowitz，2015）。这进一步表明，伤口愈合过程中的维管分化是成功嫁接的先决条件。当接穗的形成层与砧木的形成层完全结合时，完整的细胞分裂并增殖成愈伤组织，最终分化成维管系统和胞间连丝（Melnyk and Meyerowitz，2015）。虽然这个过程的详细分子机理需要进一步的研究，但一些研究已经发现，激素如生长素、细胞分裂素和赤霉素，在调节嫁接相互作用中起关键作用（Aloni et al.，2010）。

值得注意的是，微嫁接技术越来越多地被用作评估信号和传输的工具（Turnbull，2010；Turnbull et al.，2002）。在拟南芥的微嫁接试验中，Turnbull 等（2002）发现野生型（WT）砧木可以有效抑制增加的分枝突变体 *max1*（更多的腋生）和 *max3* 的丛生枝。当来自 *max1* 和 WT 幼苗的两个芽同时嫁接到 *max1* 砧木上时，突变体枝条显示分枝增加，而 WT 芽则没有。然而，当用 WT 砧木替代 *max1* 砧木时，两个接穗都不会分枝。结果表明，分枝信号可以从根部传递到茎部，但不能从茎部到茎部。拟南芥微嫁接的组织学和芯片分析将生长素、细胞分裂素、乙烯和茉莉酸作为参与嫁接结合部发育的重要分子，并提出了一种更好地解释这一现象的模型（Yin et al.，2012；Asahina et al.，2011）。

在目前未完全明确嫁接不亲和机理的情况下，Mng'Omba 等（2008）及 Usenik 等（2006）将酚类物质应用于检测嫁接的早期亲和性，并划分不同的亲和性等级，这项研究具有应用价值。另据在杏树嫁接研究中发现，在不亲和的砧木与接穗结合部，一种合成黄酮类化合物以响应逆境的关键酶苯丙氨酸氨基裂解酶（phenylalanine ammonia-lyase，PAL）基因高效转录，而且砧木与接穗的亲和程度与 *PAL* 基因类型（*ParPAL1* 和 *ParPAL2*）表达相关，在不亲和的嫁接结合部 *ParPAL1* 的转录表达量是其在亲和的嫁接结合部的 3 倍，而在愈伤组织中 *ParPAL1* 的转录表达量是 *ParPAL2* 转录表达量的 3 倍（Irisarri et al.，2016；Pina and Errea，2008）。该研究是否真正从基因水平揭示了嫁接的不亲和机理，还有待进一步证实。另外，对嫁接植物的代谢过程、砧木与接穗联合效应的作用机理，以及嫁接植株的遗传规律等尚有许多不明之处（曹建华等，2005）。这些嫁接基础性问题的存在，使得嫁接在植物育种中的应用创新主要靠经验积累，浪费了大量人力和物力。相信通过相关基础学科对嫁接的深入研究，特别是植物生理学、植物遗传学及分子生物学的发展将会给嫁接的不亲和机理及嫁接引起的变异以科学的解释，再加上嫁接在植物良种繁育及新品种选育方面的创新应用，将会使嫁接技术在植物育种上得到更加广泛的应用。

目前，关于嫁接的大部分研究都是致力于使用砧木来影响茎部表型，很少有人研究由接穗引起的根系变化，可能由于接穗在农业实践中发挥的重要作用，以及因为根系在地下，观察根系表型改变相对困难。然而，接穗对砧木生长和碳水化合物贮存的影响似乎是无可争议的，并且根茎相互作用仍有待进一步探索（Wang et al.，2017）。

参 考 文 献

别之龙. 2009. 我国瓜类作物嫁接育苗生产的现状、问题与对策. 长江蔬菜, (4): 1-5.

蔡以欣. 1957. 植物嫁接的理论与实践. 上海: 上海科学技术出版社.

曹建华, 林位夫, 陈俊明. 2005. 砧木与接穗嫁接亲合力研究综述. 热带农业科学, 25(4): 64-69.

常高正, 张慎璞, 杨红丽, 等. 2009. 不同砧木嫁接对西瓜生长发育及产量的影响. 湖北农业科学, 48(10): 2466-2468.

陈安. 2009. 《尔雅》与《方言》. 商周刊, (16): 90.

陈炜, 林雷, 田波, 等. 1988. 接种外表健康的梨树芽片诱发苹果锈果病类病毒. 病毒学报, (4): 88-91.

陈卫江, 李莓, 王同华, 等. 2012. 甘蓝型油菜萝卜细胞质雄性不育恢复材料的创制. 中国农业科学, 45(8): 1465-1474.

陈耀华. 1989. 我国古文献中的嫁接和扦插——《园林苗圃学》读书笔记之一. 北京林业大学学报, (S1): 85-91.

邓立平, 郭亚华. 1987. 无籽西瓜快速繁殖及稼接栽培研究. 北方园艺, (2): 9-10.

董晓颖, 李培环, 李书华, 等. 2003. 油桃新品种——超红短枝的遗传稳定性研究. 莱阳农学院学报, 20(2): 82-84.

杜海波, 张连才, 刘晓慧. 2012. 嫁接在杨树远缘杂交育种上的应用研究. 内蒙古林业科技, 38(2): 41-44.

方宗熙. 1961-4-14. 克服片面观点 建立新遗传学. 文汇报, 第 3 版.

封丙军. 2007. 贴梗海棠乔木化嫁接技术. 农村科技, (4): 56-57.

符景华. 1994. 利用蕲艾制作艺菊. 中国花卉盆景, (10): 21.

高文范, 王凤文, 王文华. 1986. 西瓜嫁接抗病高产技术研究报告 1982—1986 年. 北方园艺, (4): 4-6.

高新一. 2001. 果树嫁接新技术. 北京: 金盾出版社.

何德辉. 1980. 红麻远缘嫁接杂交的方法和体会. 中国麻作, (3): 18-19.

何海洋, 彭方仁, 张瑞, 等. 2016. 嫁接繁殖研究进展及其在林木遗传改良中的应用前景. 世界林业研究, 29(4): 25-29.

何九盈. 1984. 《尔雅》的年代和性质. 语文研究, (2): 15-23.

胡奇光, 方环海. 2001. 《尔雅》成书时代新论. 辞书研究, (6): 106-116.

黄远, 别之龙, 孔秋生, 等. 2012. 嫁接对西瓜和甜瓜果实品质影响的研究进展. 中国蔬菜, (4): 10-18.
季孔庶. 2005. 杂交鹅掌楸的无性繁殖. 南京林业大学学报(自然科学版), 29(1): 83-87.
贾贞, 韩天富. 2010. 嫁接技术在大豆生理和育种研究中的应用. 大豆科学, 29(1): 136-150.
江幼农. 1955. 关于植物无性杂交的科学资料. 北京: 科学出版社.
老歌. 2015. 安徽农民韩国平让一棵树上结出 56 种果. 百姓生活, (10): 36-37.
李从白. 1988. 映山红老桩稼接杜鹃良种的试验. 中国花卉盆景, (10): 22.
李冠, 尹秀波, 崔山, 等. 2017. 花生离体诱变再生苗的无菌嫁接与移栽. 植物生理学报, (3): 397-406.
李光祥. 2009. 稼接月季切花生产中的留蔷薇枝问题. 花木盆景:花卉园艺, (8): 8.
李继华. 1980. 嫁接的原理与应用. 上海: 上海科学技术出版社.
李建红, 高力力, 王花兰. 2003. 阿月浑子嫁接繁育试验研究. 甘肃林业科技, 28(4): 50-51, 60.
李景全. 2006. 利用高接使一棵树上结多样果. 农村科学实验, (5): 18.
李素梅. 2008. 嫁接及其对蔬菜作物的改良作用. 河北农业科学, 12(1): 44-46, 48.
李云鹏, 周宝利, 李之璞, 等. 2007. 嫁接茄的黄萎病抗性与根际土壤生物学活性的关系. 生态学杂志, 26(6): 831-834.
梁玉堂, 龙庄如. 1993. 树木营养繁殖原理和技术. 北京: 中国林业出版社.
林伯年, 罗英姿. 1995. 果树、花木、蔬菜的扦插和嫁接技术. 上海: 上海科学技术出版社.
林炬, 陈洪生, 赵辉, 等. 2010. 以新型节能无导向杆式液压上顶栓“稼接”改造气动压料密炼机. 橡塑技术与装备, 36(6): 49-50.
林于倢, 郑甬龙, 黄坚钦. 2006. 中国古代的嫁接技艺. 浙江农林大学学报, 23(3): 342-346.
刘传锦. 1993. 土豆西红柿生长在一起. 乡镇论坛, (9): 25.
刘科宏, 周彦, 李中安. 2016. 柑橘茎尖嫁接脱毒技术研究进展. 园艺学报, 43(9): 1665-1674.
刘龙昌. 2010. 关于栽培植物的命名问题. 生物学通报, 45(4): 13-17.
刘乃森, 刘福霞. 2007. 嫁接引起可遗传变异的研究进展. 北方园艺, (1): 33-34.
刘用生. 2001. 中国古今植物远缘嫁接的理论和实践意义. 自然科学史研究, 20(4): 352-361.
刘用生, 宋建伟, 姚连芳. 1998. 嫁接技术在植物改良中的应用. 生物学通报, 33(2): 5-8.
卢善发, 杨世杰. 1995. 电偶联原理在嫁接基础研究中的应用. 植物学报, (7): 40-44, 90.
卢昱宇, 冯伟民, 陈罡, 等. 2014. 蔬菜嫁接技术研究进展及应用. 江苏农业科学, 42(7): 167-169.
陆斌, 邵则夏. 1993. 苹果和木瓜的异属嫁接. 植物杂志, (4): 28.
罗正荣, 胡春根, 蔡礼鸿. 1996. 嫁接及其在植物繁殖和改良中的作用. 植物生理学与农业, 32(1): 59-63.
马峙英, 王彦霞, 王省芬, 等. 2006. 棉花嫁接合接法: 200510090827. [2017-9-15]
孟昭璜, 芦翠乔. 1989. 绿豆与甘薯嫁接的研究. 华北农学报, 4(4): 34-38.
倪正平, 陈亚东. 1995-12-8. 樊祥新研究嫁接出成果. 中国花卉报网络版.
任保国. 1991. 独具风采的树嫁球. 中国花卉盆景, (11): 53.
盛先慧, 王邦景, 王邦松, 等. 2006. 以葵花为砧木的棉花稼接栽培方法: 200510094541.6. [2017-9-15]
石声汉. 1963. 对嫁接的一些揣测性解释. 植物生理学报, (2): 3-11.
石玉殿. 1951-04-04. 谈谈几种树木的培育法. 人民日报, 第 2 版.

谭文芳, 王大一, 刘立. 2002. 甘薯高效杂交制种技术. 杂粮作物, 22(5): 305-306.
汤升享, 唐云丽. 1993. 中国林业之最. 北京: 中国林业出版社.
王成玉, 马贵龄. 2013. 枸杞和辣椒、茄子的嫁接杂交方法: 101904266B. [2017-9-15]
王洪善, 孙加堂, 李景刚, 等. 1997. 桃树大砧改接杏树技术及效果试验初报. 林业科技开发, (3): 42-43.
王杰成. 2013. 新型香料烟的培育和遗传分析. 长沙: 湖南农业大学硕士学位论文.
王璐. 2012. 20 世纪《尔雅》文献学研究. 哈尔滨: 黑龙江大学硕士学位论文.
王清连, 张宝红, 刘方. 1999. 一种适用于再生植株和转基因植株移栽的新方法. 河南职技师院学报, (3): 27-29.
王伟, 朱祯. 1999. 转基因棉花高效定植方法的研究. 植物学报(英文版), 41(10): 1072-1075.
王彦霞, 王省芬, 马峙英, 等. 2007. 棉花高效嫁接新方法及其应用. 中国农业科学, 40(2): 264-270.
王燕, 谢辉, 陈利萍. 2011. 植物嫁接诱导的遗传变异机理的研究进展. 遗传, (6): 585-590.
王幼群, 卢善发, 杨世杰. 2012. 植物嫁接——实践与理论. 北京: 中国农业大学出版社.
王幼群. 2011. 植物嫁接系统及其在植物生命科学研究中的应用. 科学通报, 56(30): 2478-2485.
翁祖信, 李宝栋, 冯东昕. 1993. 嫁接黄瓜防病与增产效果的研究. 中国蔬菜, (3): 11-15.
吴虹, 赵淑梅, 高福民. 2004. 浅谈造型艺菊的嫁接. 防护林科技, (4): 95-96.
吴姗, 黎昊雁, 梁月荣, 等. 2007. 一组柑橘嫁接嵌合体及其嫁接亲本的形态学、遗传学研究. 果树学报, 24(1): 1-5.
吴小航. 1985. 我国接木的最早记载//《农史研究》编委会. 农史研究（第五辑）. 北京: 农业出版社: 15- 21.
邢世岩, 徐连科, 李保进, 等. 2006. 中国首次发现叶籽银杏子代无性系叶生胚珠表达——兼论其遗传稳定性. 山东林业科技, (5): 1-4.
徐森, 王世远, 刘佃池. 1994. 山楂嫁接苹果试验. 林业科技通讯, (2): 34.
徐胜利, 陈小青, 陈青云. 2004. 嫁接西瓜植株的生理特性及其抗枯萎病能力. 中国农学通报, 20(2): 149.
杨国顺, 白描, 熊兴耀, 等. 2012. 一种使接穗品种获得病毒抗性的方法及 RNA 干扰载体与转基因方法: 102676564A. [2017-9-15]
杨学高, 花仕宽, 朱虎云. 2007. 杂交桑嫁接栽培技术建设速成丰产桑园. 江苏蚕业, 29(2): 45-46.
杨一波. 2016.《尔雅》成书时代新考. 古籍整理研究学刊, (5): 80-84.
姚军, 张丽芳, 涂炳坤, 等. 2014. 基于 ISSR 标记的少果毛一球悬铃木遗传稳定性分析. 中南林业科技大学学报, 34(2): 6-11.
应云连, 黄海华, 章健平. 2005. 红晶李遗传稳定性和生物学特性观察. 浙江柑橘, 22(1): 37-39.
张琦. 2005. 秘其苦瓜稼接杂交工艺: CN200310107748.3. [2017-9-15]
张天真. 1991. 植物核雄性不育系利用途径的研究和探索. 种子, (5): 38-42.
张晓丽. 2002. 嫁接技术与植物改良. 邢台职业技术学院学报, 19(2): 71.
张宇和. 1984. 果树繁殖. 上海: 上海科学技术出版社.
张宗子. 1988. 我国古代花木嫁接探源. 农业考古, (2): 323-327.
中国社会科学院语言研究所词典室. 2012. 现代汉语词典. 第 6 版. 北京: 商务印书馆.
周瑞阳. 2011a. 一年生棉花的多年生栽培方法: 101485260B. [2017-9-15]

周瑞阳. 2011b. 一年生棉花的多年生杂交制种方法: 101491209B. [2017-9-15]
周肇基. 1991. 论中国嫁接技艺的源流和成就. 南昌: 首届农业考古国际会议.
周肇基. 1994. 中国嫁接技艺的起源和演进. 自然科学史研究, 13(3): 264-272.
Akhtar K P, Khan A I, Khan M S I. 2002. Improved bottle shoot grafting technique/method for the transmission of cotton leaf curl virus(CLCuV). Nucleus, 39(1-2): 115-117.
Aloni B, Cohen R, Karni L, et al. 2010. Hormonal signaling in rootstock-scion interactions. Scientia Horticulturae, 127: 119-126.
Asahina M, Azuma K, Pitaksaringkarn W, et al. 2011. Spatially selective hormonal control of RAP2. 6L and ANAC071 transcription factors involved in tissue reunion in *Arabidopsis*. Proceedings of the National Academy of Sciences of the United States of America, 108: 16128-16132.
Asahina M, Satoh S. 2015. Molecular and physiological mechanisms regulating tissue reunion in incised plant tissues. Journal of Plant Research, 128: 381-388.
Banerjee A K, Lin T, Hannapel D J. 2009. Untranslated regions of a mobile transcript mediate RNA metabolism. Plant Physiology, 151: 1831-1843.
Cho S K, Sharma P, Butler N M, et al. 2015. Polypyrimidine tract-binding proteins of potato mediate tuberization through an interaction with *StBEL5* RNA. Journal of Experimental Botany, 66: 6835-6847.
Colla G, Rouphael Y, Rea E, et al. 2012. Grafting cucumber plants enhance tolerance to sodium chloride and sulfate salinization. Scientia Horticulturae, 135: 177-185.
Craig M, Luke S. 2013-9-29. 250 varieties of apple on one tree…thanks to a bit of hard grafting over the years. MailOnline.
El-Shraiy A M, Mostafa M A. 2016. Enhancing salt tolerance of cucumber using grafting and some bioregulators. Middle East J, 5(4): 820-840.
Fuentes I, Stegemann S, Golczyk H, et al. 2014. Horizontal genome transfer as an asexual path to the formation of new species. Nature, 511(7508): 232-235.
Giné A, González C, Serrano L, et al. 2017. Population dynamics of *Meloidogyne incognita* on cucumber grafted onto the *Cucurbita* hybrid RS841 or ungrafted and yield losses under protected cultivation. European Journal of Plant Pathology, 148(4): 795-805.
Goldschmidt E E. 2014. Plant grafting: new mechanisms, evolutionary implications. Frontiers in Plant Science, 5(5): 727.
Gurdon C, Svab Z, Feng Y, et al. 2016. Cell-to-cell movement of mitochondria in plants. Proceedings of the National Academy of Sciences of the United States of America, 113(12): 3395-3400.
Harada T. 2010. Grafting and RNA transport via phloem tissue in horticultural plants. Scientia Horticulturae, 125(4): 545-550.
Haywood V, Yu T S, Huang N C, et al. 2005. Phloem long-distance trafficking of GIBBERELLIC ACID-INSENSITIVE RNA regulates leaf development. Plant Journal, 42: 49-68.
Huang N C, Yu T S. 2009. The sequences of *Arabidopsis* GA-INSENSITIVE RNA constitute the motifs that are necessary and sufficient for RNA long-distance trafficking. Plant Journal, 59: 921-929.
Huang Y, Bie Z, He S, et al. 2010. Improving cucumber tolerance to major nutrients induced salinity by grafting onto *Cucurbita ficifolia*. Environmental and Experimental Botany, 69(1): 32-38.
Ibáñez C R, Robertson L, del Carmen Martinez-Lluch M, et al. 2014. Development of virulence to *Meloidogyne incognita* on resistant pepper rootstocks. Spanish Journal of Agricultural Research, 12(1): 225-232.
Irisarri P, Zhebentyayeva T, Errea P, et al. 2016. Differential expression of phenylalanine ammonia

lyase (PAL) genes implies distinct roles in development of graft incompatibility symptoms in *Prunus*. Scientia Horticulturae, 204: 16-24.

Jang Y, Yang E, Cho M, et al. 2012. Effect of grafting on growth and incidence of phytophthora blight and bacterial wilt of pepper (*Capsicum annuum* L.). Horticulture, Environment, and Biotechnology, 53: 9-19.

Kim G, LeBlanc M L, Wafula E K, et al. 2014. Genomic-scale exchange of mRNA between a parasitic plant and its hosts. Science, 345: 808-811.

Kollmann R, Glockmann C. 1985. Studies on graft unions. Ⅰ. Plasmodesmata between cells of plants belonging to different unrelated taxa. Protoplasma, 124(3): 224-235.

Kümpers B M C, Bishopp A. 2015. Plant grafting: making the right connections. Current Biology, 25(10): R411-R413.

Legrand P. 2015. Biological assays for plant viruses and other graft-transmissible pathogens diagnoses: a review. Eppo Bulletin, 45(2): 240-251.

Liu Y S. 2005. Revealing the mystery of heredity in grafted fruit trees. HortScience, 40(5): 1584-1584.

Luo J, Gould J H. 1999. *In vitro* shoot-tip grafting improves recovery of cotton plants from culture. Plant Cell, Tissue and Organ Culture, (3): 211-213.

Mähönen A P, Bishopp A, Higuchi M, et al. 2006. Cytokinin signaling and its inhibitor AHP6 regulate cell fate during vascular development. Science, 311: 94-98.

Melnyk C W, Meyerowitz E M. 2015. Plant grafting. Current Biology, 25(5): R183-R188.

Mng'Omba S A, Toit E S D, Akinnifesi F K. 2008. Early recognition of graft compatibility in *Uapaca kirkiana*, Müell Arg. clones, provenances and species. Agroforestry Systems, 74(2): 173-183.

Montero Tavera V, Morales García J L, González Chavira M M, et al. 2010. Genetic, pathogenic and morphological diversity of fungi *Colletotrichum gloeosporioides* (Penz.) from Michoacan, Mexico. Revista Mexicana De Ciencias Agrícolas, 1(2): 159-174.

Mudge K, Janick J, Scofield S, et al. 2009. A history of grafting. Horticultural Reviews, 35: 437-493.

Ohta Y. 1991. Graft-transformation, the mechanism for graft-induced genetic changes in higher plants. Euphytica, 55(1): 91-99.

Owusu S B, Kwoseh C K, Starr J L, et al. 2016. Grafting for management of root-knot nematodes, *Meloidogyne incognita*, in tomato (*Solanum lycopersicum* L.). Nematropica, 46(1): 14-21.

Paultre D S G, Gustin M P, Molnar A, et al. 2016. Lost in transit: long-distance trafficking and phloem unloading of protein signals in *Arabidopsis* homografts. The Plant Cell Online, 28: 2016-2025.

Peterson-Burch B D, Wright D A, Laten H M, et al. 2000. Retroviruses in plants? Trends in Genetics, 16(4): 151-152.

Pina A, Errea P. 2008. Differential induction of phenylalanine ammonia-lyase gene expression in response to *in vitro*, callus unions of *Prunus* spp. Journal of Plant Physiology, 165(7): 705-714.

Rivero R M, Ruiz J M, Sanchez E, et al. 2003. Does grafting provide tomato plants an advantage against H_2O_2 production under conditions of thermal shock? Physiologia Plantarum, 117: 44-50.

Roberts R H. 1949. Theoretical aspects of graftage. The Botanical Review, 15(7): 423-463.

Sanchez-Rodríguez E, Leyva R, Constan-Aguilar C, et al. 2012. Grafting under water stress in tomato cherry: improving the fruit yield and quality. Annals of Applied Biology, 161: 302-312.

Sorce C, Massai R, Picciarelli P, et al. 2002. Hormonal relationships in xylem sap of grafted and ungrafted *Prunus* rootstocks. Scientia Horticulturae, 93: 333-342.

Stegemann S, Bock R. 2009. Exchange of genetic material between cells in plant tissue grafts.

Science, 324(5927): 649-651.

Stegemann S, Keuthe M, Greiner S, et al. 2012. Horizontal transfer of chloroplast genomes between plant species. Proceedings of the National Academy of Sciences of the United States of America, 109(7): 2434-2438.

Taller J, Hirata Y, Yagishita N, et al. 1998. Graft-induced genetic changes and the inheritance of several characteristics in pepper(*Capsicum annuum* L.). Theoretical and Applied Genetics, 97(5): 705-713.

Taller J, Yagishita N, Hirata Y. 1999. Graft-induced variants as a source of novel characteristics in the breeding of pepper(*Capsicum annuum* L.). Euphytica, 108(2): 73-78.

Tsaballa A, Athanasiadis C, Pasentsis K, et al. 2013. Molecular studies of inheritable grafting induced changes in pepper (*Capsicum annuum*) fruit shape. Scientia Horticulturae, 149: 2-8.

Tsutsui H, Notaguchi M. 2017. The use of grafting to study systemic signaling in plants. Plant & Cell Physiology, 58(8): 1291-1301.

Turnbull C G. 2010. Grafting as a research tool//Hennig L, Köhler C. Methods in Molecular Biology. New York: Humana Press: 11-26.

Turnbull C G, Booker J P, Leyser H. 2002. Micrografting techniques for testing long-distance signalling in *Arabidopsis*. Plant Journal, 32: 255-262.

Uehara T, Sakurai M, Oonaka K, et al. 2016. Reproduction of *Meloidogyne incognita* on eggplant rootstock cultivars and effect of eggplant rootstock cultivation on nematode population density. Nematological Research (Japanese Journal of Nematology), 46(2): 87-90.

Usenik V, Krška B, Vičan M, et al. 2006. Early detection of graft incompatibility in apricot(*Prunus armeniaca* L.)using phenol analyses. Scientia Horticulturae, 109(4): 332-338.

Wang J, Jiang L, Wu R. 2017. Plant grafting: how genetic exchange promotes vascular reconnection. New Phytologist, 214(1): 56-65.

Willingham S, Pegg K, Cooke A, et al. 2001. Rootstock influences postharvest anthracnose development in 'Hass' avocado. Crop and Pasture Science, 52: 1017-1022.

Yagishita N, Hirata Y, Mizukami H, et al. 1990. Genetic nature of low capsaicin content in the variant strains induced by grafting in *Capsicum annuum* L. Euphytica, 46(3): 249-252.

Yan H, Shi S, Ma N, et al. 2018. Graft-accelerated virus-induced gene silencing facilitates functional genomics in rose flowers. Journal of Integrative Plant Biology, 60(1): 34-44.

Yin H, Yan B, Sun J, et al. 2012. Graft-union development: a delicate process that involves cell-cell communication between scion and stock for local auxin accumulation. Journal of Experimental Botany, 63: 4219-4232.

Zhang D H, Meng Z H, Xiao W M, et al. 2002. Graft-induced inheritable variation in mungbean and its application in mungbean breeding. Acta Batanica, 44(7): 832-837.

Zhang W, Thieme C, Kollwig G, et al. 2016. tRNA-related sequences trigger systemic mRNA transport in plants. The Plant Cell, 28: 1237-1249.

Zhang X, Zhang Z Y, Wang Q L, et al. 2013. Effects of rootstocks on cryotolerance and overwintering survivorship of genic male sterile lines in upland cotton(*Gossypium hirsutum* L.). PLoS One, 8(5): e63534.

Zhou R Y. 2016. Method of producing hybrid seeds for annual cotton by cultivating perennially: US Patent, 9265206 B2.

Zhu S, Sun J. 2000. Rapid plant regeneration from cotton(*Gossypium hirsutum* L.). Chinese Science Bulletin, 45(19): 1771-1774.

第二章　植物嫁接产生变异的起源与发展

第一节　中国古代嫁接引起植物变异的记载

1953年，苏联农业专家伊万诺夫来我国讲学时曾推断：“中国在果树园艺方面的历史是很悠久的，一定有很多获得嫁接杂种方面的事实，假如有一位科学工作者把总结中国的嫁接杂交工作担负起来，那么一定可以得到很多关于各种作物嫁接杂交的材料。我觉得这个工作对人民是很有益的，因此希望同志们能注意这个工作。”近年来，笔者查阅了一些农史资料，发现中国古代确实有许多嫁接引起植物变异的记载。

一、嫁接引起植物当代发生变异的记载

宋代周师厚的《洛阳牡丹记》中载有“二色红，千叶红花也。元丰中出于银李园中，于接头一本上，歧分为二色。一浅一深，深者类间金，浅者类瑞云。始以为有两接头，详细视之，实一本也。岂一气之所钟，而有深浅厚薄之不齐欤。”宋代《种艺必用》等农书上还有“黄白二菊，各批去一边皮，用麻皮扎合，其开花乃半黄半白”。这与达尔文后来描述的洋水仙嫁接产生变异的结果极为相似。达尔文写道：“把蓝花洋水仙和红花洋水仙的鳞茎各切为二，它们可以接合在一起，并且抽出了一个结合了的茎，在这个茎上开的花半蓝半红。”

明代李时珍的《本草纲目》中载有“李接桃而本强者其实毛，梅接杏而本强者其实甘”。这就是说，李果实本无毛，但当桃（砧木）在年龄、长势上强于李（接穗）时，则李受到桃的影响，果实上出现了桃所具有的茸毛。梅子本不甜，但嫁接后受到杏（砧木）的影响，其果实由酸变甜。这说明砧木和接穗的年龄、发育状况不同，会影响性状的改变。这与后来米丘林（Michurin）创造的嫁接蒙导法十分相似。

“柿上接桃，则为金桃”，这一事实在《格物粗谈》《调燮类编》《花镜》《便民图纂》和《授时通考》等古籍上都有记载，说明桃嫁接到柿上后其性状发生了明显改变，成了桃和柿的嫁接杂种。

在《调燮类编》《种树书》《本草纲目》《花镜》《便民图纂》等农书上都有“苦楝树上接梅花，则花如墨梅”的记载。梅花的颜色一般呈白色或淡红色，但嫁接后变成了淡墨色，说明其性状发生了显著改变。值得一提的是，墨色的花在自然

界中十分罕见，具有很高的观赏价值。

在明代《灌园史》等农书中记载有种“仙瓠”法：“将瓠子种傍鸡冠，两边去皮合系一块，待长切断瓠根，令托鸡冠，结瓠红色，谓之仙瓠。”瓠瓜一般呈绿白色，其在嫁接后受砧木鸡冠花的影响，结出了红色的瓠瓜，果色这个性状发生了改变，亦可视为嫁接杂种。

二、嫁接引起植物种子后代发生变异的记载

1400 多年前，贾思勰所著的《齐民要术》“插梨”（梨的嫁接）篇中记载了“若稆生及种而不栽者，则著子迟。每梨有十许子，唯二子生梨，余皆生杜”。《本草纲目》引证说：“贾思勰言：梨核每颗有十余子，种之惟一二生梨，余皆生杜，此亦一异也。杜，即棠梨也。梨品甚多，必须棠梨、桑树接过者，则结子早而佳。”此外，还有许多朝代的古籍引用了《齐民要术》的这条记载。匡明纲（1985）对这条记载做了很高的评价：“孟德尔在 19 世纪用豌豆做试验得到的遗传规律是 3∶1，而贾思勰早在 1400 多年前就观察统计梨后代的遗传规律是 4∶1，这是一个奇迹。”这条记载的正确性早已被大量的果树育种实践所证实。现在的问题是如何来解释这个现象？自然界的规律是“种瓜得瓜，种豆得豆”。那么究竟是什么原因导致“种梨得杜”呢？缪启愉（1998）认为“这是由于异花授粉形成种子的杂种性，因此变异性很大”，这个解释不能令人满意。假设这两个种具有很高的杂交亲和性，且杜梨为显性的话，那么种子后代中杜梨与栽培梨的比率应是 3∶1，而不应是 4∶1。笔者认为，这条记载中的梨果实很可能取自嫁接梨树上，而当时北方栽培梨的砧木一般是杜梨。也就是说，嫁接在杜梨砧木上的栽培梨树，其果实一般有 10 粒种子，种下后有 2 粒种子发育成具有栽培性状的梨树，其余的 8 粒种子长成具有野生性状的杜梨。这与米丘林在长期果树育种实践中所观察到的结果是一致的。米丘林曾指出，绝大多数嫁接果树的种子实生苗具有野生不良的性状。他还注意到，“自根树所产生的优良品质的实生苗比嫁接树所能产生的要多 4 倍”。这与贾思勰的记载是吻合的。因此，笔者认为，嫁接是导致“唯二子生梨，余皆生杜”的直接原因。

宋代《调燮类编》记载：“桃、李之类入药，以不经接者为佳。凡桃多系接成，殊失本性，核仁入药，用本生者为宜。”明代《本草纲目》中有类似的记载：“核仁入药，当取解核（即果肉与果核分离）者种之为佳，山桃仁不堪用……大抵佳果肥美者，皆圃人以他木接成，殊失本性。入药当用本生者为佳。今市肆卖者，多杂接核之仁也，为不堪也。”说明自根桃树的桃仁与嫁接桃树的桃仁在药性上有本质的差别。

唐代《四时纂要》中有“种梅、杏等法，并同桃李，取核种之。经接者（嫁

接过的），核不堪用”。宋代的《种艺必用》中有“桃、李取核种之，经接者核不堪种”和“果实凡经数次接者，核小。但其核不可种耳”。这里“核不堪种”不能理解为“种子不能发芽或长成树”。因为据陕西果树研究所范树隆反映，沙果、林檎类果树，嫁接数次后其核仍可种。这里的意思是说嫁接树的种子长成的树不能保持原来品种的特性，故不能留种。这与达尔文在《动物和植物在家养下的变异》一书中描写的现象十分相似。达尔文写道：“众所周知，几个北美的李和桃的品种可以由种子纯粹地繁殖它们自己；但当李或桃的接穗嫁接在另一方的砧木上时，这种嫁接树便被发现失去了其由种子产生同样品种的特有性质，并且变得同所有其他嫁接树一样了——这就是说，它的实生苗变得高度容易变异了。”

宋代周师厚在《洛阳牡丹记》中写道：“魏花，千叶肉红花也……近年又有胜魏、都胜二品出焉。胜魏似魏花而微深，都胜似魏花而差大，叶微带紫红色。意其种皆魏花之所变欤？岂寓于红花本者，其子变而为胜魏，寓于紫花本者，其子变而为都胜耶？”周师厚推断，‘胜魏’和‘都胜’都是魏花的种子后代。同一个魏花品种，当嫁接到红花砧木上时，其形成的种子受到红花砧木的影响，因此长成了花色比魏花微深的‘胜魏’；当嫁接到紫花砧木上时，其形成的种子受到紫花砧木的影响，因此长成了叶微带紫红色的‘都胜’。这个记载的正确性，后来被米丘林证实了。根据嫁接果树种子后代绝大多数表现野生不良性状的大量事实，米丘林认为，嫁接着老龄栽培品种的野生砧木，是不良遗传性的基本根源，接穗本身——老龄栽培品种，很少因野生植物根的影响而发生变异，但是未来有机体的胚，即在果实中形成的种子，却强烈地倾向于野生砧木方面。这说明砧木对接穗品种果实中的种子有强烈的影响。

第二节　植物嫁接变异的研究简史

一、达尔文首次提出“嫁接杂交”和“嫁接杂种”

嫁接的起源可以追溯到古代。在数千年以前嫁接实践已经被中国人所掌握（周肇基，1994；Daniel，1929），也有证据表明嫁接诱导变异大约 1400 年以前就已经被中国人所熟知（刘用生，2000）。根据 Daniel（1929）所述，嫁接杂种的典型记录事件出现在 1578 年李时珍所著的《本草纲目》一书中，在中国，通过将李树的接穗嫁接到桃树砧木上而形成的一棵树，它所结的果实呈现出嫁接两个组成部分的混合特点。

尽管在中国古代文献中时不时就有关于嫁接诱导变异的记载，但“嫁接杂交”和“嫁接杂种”的术语是由达尔文首先提出的。关于如何用合适的术语去描述这一现象，在文献中缺乏一致性。Darwin（1868）称其为“嫁接杂交（graft hybridization）”，Michurin（1949）称为“嫁接杂交”或是“无性杂交”，Ohta（1991）和 Hirata 等（2003）称为“graftoduction”或是“graft transformation”。在《动物和植物在家养下的变异》一书的第 11 章中，达尔文给出了他所搜集的所有嫁接杂种，即由不同植物的组织混合而产生的个体。他首先提出著名的‘亚当金雀花’（Adam’s laburnum，*Cytisus adami*）事例：1825 年，法国的一个名叫亚当（M. Adam）的花匠把一种紫色的金雀花（*Cytisus purpureus*）嫁接在黄色的金链花（*Cytisus laburnum*）植株上。嫁接后，接穗死亡，由结合部位形成的愈伤组织产生了不定芽，其中有些具有砧木和接穗的中间性状。亚当利用扦插繁殖该杂种，作为一种新的品种来出售。该杂种的一般形态特征是：株型似小灌木，叶像金链花，但叶背无茸毛，花序也似金链花，每朵花下有双生苞叶，花为紫棕色，一般是不育的；它开出了 3 种花朵，一些暗红色，一些大而亮黄，其余小而紫。也就是说，它不但开出了两种亲本的花朵，而且开出了特有的杂种花朵，这说明在‘亚当金雀花’上出现了混杂遗传的现象（详细介绍及图片见：https://en.wikipedia.org/wiki/ Sarah_Drake）。达尔文接着介绍了一个和‘亚当金雀花’极其相似的例子——‘怪异橙’（Orange）：1644 年，一位英国的园丁在佛罗伦萨（Florence）育成了这种树，他宣称是来自曾被嫁接过的苗木；当接穗死了之后，砧木发芽了，于是产生了‘怪异橙’，这种古怪的植株产生部分苦橙枝条和枸橼枝条，并且其果实的表皮半边具有柑橘的颜色，另外半边具有沟痕和黄色的柑橘条纹（详细介绍及图片见：http://www.homecitrusgrowers.co.uk/citrusvarieties/bizzarria.html）。他还提到了嫁接的茉莉、夹竹桃、灰树（一种白蜡树）、楞树、葡萄、风信花、蔷薇，尤其是马铃薯。通过大量事实，达尔文不仅相信“嫁接杂交”在特定的某种未知条件下可以被影响，并且也确信“嫁接杂交”的真实性与重要性。在最后一段，他写道：“我认为，从前面的例子中我们学到了一个很重要的生理事实，‘嫁接杂交’最终肯定会被认可的，换句话说，产生新物种的要素，不需要通过雌雄生殖器官形成。在不用生殖器官的帮助下，它们出现在细胞状组织中，在那种情况下以至于整合，这样一个拥有双亲性状的新芽就形成了。”

达尔文坚信“嫁接杂交”是一个非常重要的事实，它迟早会改变生理学者对于有性生殖所持的观点，反对那种把上述现象都归因于简单芽变的观点，因为由芽变产生的变种往往呈现出许多新的性状；然而嫁接杂种是双亲性状的中间体。为了解释嫁接杂种的形成、获得性状遗传、直感现象（雄配子对母本组织的作用）、返祖现象，以及其他很多的关于遗传、变异、繁殖、再生和发育等因素，达尔文提出了“泛生论（pangenesis）的暂定假设”。再者，达尔文很可能已经意识到了“嫁接杂交”是嫁接果树不可遗传现象的可能机理。他注意到“某些果树确实能够在自根上遗传自己的种类；但是当嫁接到其他的砧木上时，其自然状态明显受影响，产生的实生苗变异很大，在很多性状上脱离了亲本型。

这里需要说明的是，在达尔文时代，人们普遍认为只有通过有性途径才能获得杂种，甚至到了 1971 年，苏联出版了由著名遗传学家杜比宁主编的《植物育种的遗传学原理》一书，该书指出利用嫁接方法不可能产生嫁接杂种（无性杂种）的同时，强调不通过形成配子（减数分裂）并和配子结合就不可能获得杂种。这种观点已被 1972 年在烟草属的不同种之间获得的体细胞杂种的事实所否定（Carlson et al.，1972）。事实证明，通过植物体细胞的融合，可以获得无性杂种。

二、温克勒、丹尼尔和布尔班克在嫁接产生变异方面的工作

德国著名植物学家温克勒（Winkler，1907）嫁接番茄和龙葵是为了尝试产生嫁接杂种。从两种植物远缘嫁接可以看出，在嫁接结合部的愈伤组织处再生出了多种类型的嫩芽。它们中的大多数嫩芽和番茄或龙葵一致，但是也有一些表现出番茄和龙葵的混合特性，温克勒首先想到这就是嫁接杂种。温克勒也获得了主轴由扇形的番茄组织和相邻的茄科植物组织所组成的嫩枝，他依照希腊神话“嵌合体”将其称为“嫁接嵌合体”。在后来的文章中，温克勒得到了以下的结论——杂种可分为两类：有性杂种和嫁接杂种。后者根据方法的理论可行性起源或许可分为三类：①融合嫁接杂种来自两个不同物种体细胞的融合；②“蒙导”嫁接杂种来自嫁接一方对另一方的特殊影响且没有细胞融合；③嵌合体，嫁接双方的纯种细胞联合在一起而形成的新个体（Bailey，1920）。

法国著名学者丹尼尔（Daniel），从 1890 年就进行了各种各样的植物嫁接工作，并且收集了大量有关嫁接的资料，花费了 36 年多的心血。例如，前面提到的‘怪异橙’，丹尼尔就曾做过详细的研究和报道。此外，丹尼尔还报道了梨嫁接在榅桲上的事实，经嫁接产生的杂种具有中间性状，叶片着生的茸毛较梨为多，而较榅桲为少，同时叶片组织结构上也呈中间性状，温克勒将之定名为梨-榅桲杂种（*Pirocydonia* Danieli）（Weiss，1930）。丹尼尔还引证了桃芽接在杏上，产生了桃-杏嫁接杂种（*Amygdalopersica*）的事实。丹尼尔还进行了许多植物的嫁接变异研究工作，关于嫁接之后的结果，产生了一个拥有接穗和砧木混合性状的嫩枝，并且拥有这种混合性状的嫩枝其特性是可以遗传的。他也用图例来演示，通过嫁接这个方法，新的可遗传变异将能出现，显示出异于接穗或砧木的特征。他拥有所获得的多年生变种样本，并将其中的一些切穗或块茎与那些希望研究它的科学家分享。丹尼尔相信他的结果不仅证明了拉马克关于因环境变化而获得性状遗传假说的正确性，还说明了在一些特例中嫁接是形成新变种的一种强有力的媒介（Neilson-Jones，1969；Daniel，1929）。值得称道的是，在 1957 年，为了纪念丹

尼尔诞辰100周年而召开了国际嫁接讨论会（Dean，1962）。

美国著名植物育种家路得·布尔班克（Luther Burbank）亦曾进行了许多嫁接变异的研究工作。他曾把‘紫叶’李（*Prunus pisardi*）嫁接在‘克尔赛氏’李（Kelsey Plum，学名 *Prunus triflora*）上，然后播种从‘克尔赛氏’李上取下的种子，发现其中有一株具有淡紫色的叶片，结有紫色的果实，并且在其他性状上都显示为杂种性状。因为在方圆数千英里[①]内没有‘紫叶’李，而嫁接在‘克尔赛氏’李上的‘紫叶’李当年又没有开花，这样就排除了有性杂交的可能性。布尔班克把由此获得的嫁接杂种称为“营养杂种”或“树液杂种”（Burbank，1914）。

三、米丘林对嫁接产生变异理论与实践的重大贡献

继达尔文之后，尽管有许多学者承认嫁接杂种的存在，但是还不能科学地解释它，也没有指出有计划地获得嫁接杂种的方法。他们并没有科学的回答，在果树园艺方面繁殖品种时为什么在多种多样的砧木上广泛地进行嫁接，并没有使嫁接后的品种在遗传特征和特性上发生变异？为什么能够产生嫁接杂种，在怎样的条件下最适合嫁接杂种的产生？但米丘林很好地回答了达尔文的这两个遗留问题。

在米丘林的一生中，他不仅培育了300多个园艺植物品种，而且对于植物生长做了许多观察和研究。米丘林工作的基本原则就是在植物的早期发育阶段通过环境的改变来改变其遗传。他大量运用嫁接这一方法影响和改良年幼植物。一个主要的发现就是米丘林的“嫁接蒙导”法，利用该法，达尔文的产生嫁接杂种的“未知条件”就可以展现。米丘林对嫁接变异的理论和实践做出了卓越的贡献，主要体现在以下几个方面。

（一）创造了嫁接产生变异的有效方法——嫁接蒙导法

1916年，米丘林在《培育杂种实生苗时蒙导者的应用》一文中写道：“我愿向读者顺便介绍一下我所研究出的一种新而有趣的方法，这种方法可以使果树幼龄杂种实生苗的特征和品质按着育种工作者的愿望部分地进行改变，这就是说，按照我们所需要的方向去培育它们，使它们的好品质得以加强和发展，而使它们那些向着坏的、我们所不需要的特性发展的倾向得以抑制，甚至有时可以完全消灭。”

米丘林最初采用的嫁接蒙导法，是从优良品种的结果树上取接穗，嫁接到幼龄杂种实生苗上，来促使杂种实生苗提早结果或改善幼龄杂种实生苗的品质，这

---

① 1英里=1609.344m

也是米丘林为什么创造“蒙导”这个术语来描述这一过程。这种情形下，接穗作为蒙导者，而砧木是被蒙导者。如果想让接穗作为被蒙导者，砧木作为蒙导者，为了促进接穗发生变异，将采用与上述相反的方法。

采用嫁接蒙导法，米丘林培育了‘堪地勒•基泰伊卡’苹果、‘新•别尔加摩特’梨、‘北方佳人’樱桃、‘凤凰卵•基泰伊卡’苹果、‘红色•凤凰卵’苹果、‘胜利•布瑞’梨、‘稠李酸樱桃 1 号’等果树品种（Michurin，1949）。其中的一个事例是，米丘林在 1894 年把‘Antonovka’苹果的幼芽嫁接到三年生的野生梨树顶端，在 1898 年获得了一株“梨-苹果”嫁接杂种，其枝上果实有着梨的外形，这就是他所命名的‘莱茵特•别尔加摩特’（Reinette Bergamotte）苹果。

（二）揭示了嫁接变异与果树遗传特性的关系

米丘林确定了：被嫁接的果树品种，如果在嫁接以前，它的遗传性已完全稳固了，并且特征和特性已完全形成了，那么在其他种砧木的影响下，通常是不能变异的。这就答复了为什么嫁接在各种不同砧木上的接穗，一般都不发生显著的变异。

为什么苹果或梨在自然授粉或人工杂交情况下，从具有优良栽培性状的果实中获得的种子，播种后所长成的果树，一般有极大的比例具有低劣和野生的果实特性？而在生产实践上不是用种子繁育而是用无性繁殖的马铃薯，当用种子播种时，虽然曾产生多种多样的后代，但这些后代的绝大多数仍然是栽培的类型？有一些用根蘖繁殖的李或樱桃品种，当用种子播种时，在大多数情况下也产生优良的栽培性果树？……米丘林对上述问题做了完美的解答。他认为嫁接着栽培品种的野生砧木，是不良遗传性的基本根源。从成龄栽培品种果树上取下的接穗，很少因野生砧木根的影响而发生变异，但是在接穗果实中形成的种子，却强烈地倾向于野生砧木方面。实际上，得到的是含有极少栽培品种特性的野生砧木的嫁接杂种。这也就是说，嫁接果树实生后代的遗传物质来源于母本、父本和砧木三方，从而揭示了果树遗传复杂性的主要原因。他认为这也是孟德尔定律不能应用于嫁接果树品种杂交的主要原因。这是可理解的，因为孟德尔使用的是一年生非嫁接的豌豆植株并且研究的主要是质量性状，而米丘林用的却是多年生的嫁接过的果树作为材料，且他研究的主要是数量性状。

1933 年，米丘林在《蒙导者的设立》中写道：“当把幼龄杂种实生苗嫁接到成龄的砧木上时，在幼龄杂种实生苗发育的最初几年内，砧木对幼龄杂种实生苗具有很大的影响，并且在这种情况下接穗的基因同砧木的基因混杂起来了。因此，这样嫁接所长大的树，不是由种子培育出来的那个品种，而已经是它同砧木之间的嫁接杂种了。”这段话非常深刻，尤其是“接穗的基因同砧木的基因混杂起来了”这句话，实际上阐述了嫁接变异的分子机理，但这种想法在过去人们是无法接受的，因为那时人们普遍认为基因是稳定的，基因从砧木转移到接穗是不可思议的，所以米丘林的这种观点不被人注意。随着科学的不断发展，现已证明米丘林提出的这种观点是正确的。

（三）用嫁接变异理论指导果树有性杂交育种实践

由于野生砧木能够影响到接穗果实内种子的形成，因此米丘林曾多次强调，在果树有性杂交育种中，一定要注意杂交亲本的选择。“母本植株必须尽量培植自生根幼树，这种树产生的优良品质，比嫁接树所能产生的要多 4 倍”，从而大大提高了果树的育种效率。

由于果树杂种实生苗具有较长的童期，因此育种周期较长。米丘林将优良品种的成年枝条嫁接到幼龄杂种实生苗上，待诱导开花结果后立即将蒙导枝条去除，从而缩短了育种周期。

此外，米丘林还采用“嫁接杂交”和有性杂交相结合的方法——预先无性接近法，有效克服了远缘杂交不亲和性的困难，成功地获得了杏与李、甜樱桃与酸樱桃、花楸和梨等远缘杂种。

在米丘林去世以后，李森科（Lysenko）、格鲁森科（Glushchenko）及其同事对嫁接变异进行了很多研究。李森科进一步用阶段发育理论来阐述为什么幼龄枝条嫁接容易产生变异和为什么有些嫁接工作者虽然进行嫁接，但没有得到嫁接杂种。李森科用代谢过程和可塑性物质相互同化来解释嫁接杂种产生的生理基础，认为嫁接变异和有性杂交在本质上是相同的。格鲁森科在番茄等草本植物上进行了许多嫁接变异研究，有力地证明了嫁接杂种存在的真实性，并且总结出一些嫁接杂种后代遗传与变异的规律。苏联的许多学者广泛开展了各种植物的嫁接变异研究工作，仅在 1950～1958 年就公开发表了 500 多篇嫁接变异研究的论文。

此外，日本、瑞士、法国、美国、荷兰、比利时、罗马尼亚、以色列和中国等国的学者也在嫁接变异研究方面做了大量工作，丰富了嫁接产生变异的理论与实践。

值得一提的是，李森科虽是一位有成就的农业科学家，在嫁接变异研究方面也作出过一定贡献，但由于他在以后的工作中出现了许多研究上的不实事求是、理论上的极端片面性，以及对待其他学派的学阀作风，于 1965 年 9 月在苏联科学界受到了批判，这对嫁接变异的继续研究产生了十分不利的影响。尤其是他经常把嫁接变异理论与基因学说相对立，例如，他曾说：“在我国已经没有人再否认获得嫁接杂种的可能性了，那就是说，现在我国任何一个有思想的生物学家再也不会承认遗传性的染色体理论”“嫁接杂种的获得，乃是米丘林学说的有力武器，它粉碎了孟德尔、摩尔根的染色体遗传理论”。染色体遗传理论是在发展中不断完善的，自然是无法粉碎的。李森科这样做的结果，反倒使许多人怀疑起嫁接产生变异了，以至于后来在许多国家，尤其是在我国，嫁接产生变异的研究基本上处于停滞状态。

第三节　嫁接产生变异研究的新进展

尽管近年来嫁接变异研究处于低潮时期，但仍有一些国家的学者在艰难地坚持着嫁接变异研究工作，并且取得了一定的进展。主要表现在以下几个方面。

一、继续证实嫁接杂种存在的真实性

新西兰著名遗传学家潘迪（Pandey，1985）根据大量资料，论证了嫁接杂种存在的真实性。日本的 Yagishita 和 Hirata（1987，1986）、Yagishita 等（1990）、Ohta（1991）、Noguchi 等（1992）、Taller 等（1999，1998）和 Hirata 等（2003）在多年的植物嫁接试验中获得了许多嫁接杂种。我国的祖德明和赵玉生（1955）、胡三女（1973）、孟昭璜和芦翠乔（1989）等分别获得了九叶茄与白茄、蓖麻与棉花、甘薯与绿豆的嫁接杂种；范盛尧（1999）和刘用生（2013）分别获得了郁李与杏、‘紫叶’李与‘玉皇’李的嫁接杂种；潘相文等（2012）将大豆分别嫁接到了生姜、南瓜、葫芦、番茄、洋姜、马铃薯、甘薯和蓖麻上，发现 87.5%的组合产生了与砧木类型明显相关的突变性状。徐冲等（2016）选用农艺性状差异明显的多份黄瓜高代自交系进行相互嫁接，发现部分嫁接组合的接穗 G_1 代雌花数量、雌花节位和果实长度等性状与相应的自根嫁接处理相比出现显著变异，并利用实时荧光定量 PCR 检测到性别表型决定基因 *CsACS* 表达量显著降低。此外，不少学者通过简单序列间重复区间（inter-simple sequence repeat，ISSR）（王艳梅等，2016；赵智勇，2013；Tsballa et al，2013；邵果园和陆方方，2010；周志林等，2009；夏涵涵等，2007）、随机扩增多态性 DNA（random amplified polymorphic DNA，RAPD）（李俊星，2013；Körpe et al.，2012；陈红和王永清，2006；Taller et al.，1998）和扩增片段长度多态性（amplified fragment length polymorphism，AFLP）（冯金玲等，2012；朱肖艳，2011）等分子标记技术检测到了嫁接植物砧木和接穗间确实存在基因水平的交流。

二、归纳出嫁接诱导遗传变异的基本特点

目前已发现许多植物的嫁接杂种是客观存在的，但并不是所有的嫁接都会诱导植物发生变异，植物嫁接诱导的遗传变异一般具有以下几个特点（王燕等，2011；赵智勇，2013）。①变异频率较低且差异较大：嫁接诱导变异概率较低，一般都不

超过 30%，而且因砧木和接穗的年龄和发育状况不同，能够影响性状改变的频率及程度。②嫁接变异具有方向性和随机性：即特定的接穗嫁接在特定的砧木上，其产生的变异性状大多来源于砧木，但发生交流的基因是随机的，基因的插入位点也可能是随机的。③变异大多发生在基因水平上：嫁接变异能够稳定地传递给后代植株，说明嫁接变异是由接穗在基因水平上的改变造成的，涉及的基因可能是单基因，也可能是不同染色体上的多个基因；基因型变化有可能从纯合到杂合，或从显性纯合到隐性纯合。④变异的遗传规律不一：一些嫁接变异符合孟德尔遗传方式，但是也有不符合孟德尔遗传规律的嫁接变异现象存在。由以上特点可以看出，嫁接产生的变异一般不是基因突变的结果。

三、深入研究嫁接产生变异的分子机理

过去普遍认为，嫁接变异是用嫁接方法把具有不同遗传特性的生物体结合在一起，使它们发生密切的生理联系，通过双方的物质交换，从而改变和动摇嫁接成分的遗传性。当一方被迫同化了非其本性所需要的另一方的营养和可塑性物质时，就改变了新陈代谢类型，从而会发生遗传性的相应变异。也就是说嫁接杂种的变异性是在改变新陈代谢类型的基础上形成的。Pandey（1985）、Ohta（1991）、Hirata 等（2003）、Stegemann 和 Bock（2009）、Stegmann 等（2012）、Fuentes 等（2014）和 Gurdon 等（2016）研究则表明，嫁接产生变异的机理主要是遗传转化，即砧木（或接穗）体内叶绿体、线粒体或细胞核的遗传物质转移并整合到接穗（或砧木）细胞的染色体组中，从而发生遗传性改变。

近年来对嫁接遗传转化机理的探讨主要有 3 个方面，即 mRNA 反转录模式、病毒转导模式和 DNA 直接转化。李明等（2006）研究发现，基因转录后的沉默信号可以通过嫁接界面在拟南芥体内双向传递，说明在 RNA 水平上砧木和接穗间存在交换。刘用生等（2004）推测砧木中的 mRNA 转移到接穗中，并被反转录转座子转录成 cDNA，然后整合到接穗细胞的染色体中，可能是嫁接变异机理的关键。Ohta（1991）在辣椒嫁接试验中发现，如果在嫁接之前一个月给砧木接种 BWV 病毒，则总变异率比未接种病毒的对照高 8 倍多。可以推测，病毒在嫁接植株体内的基因交流中有着极为重要的作用。Stegemann 和 Bock（2009）利用两种携带不同标记基因的烟草材料相互嫁接，通过 Southern 杂交证明了通过嫁接部位确实存在 DNA 分子水平的交换。Fuentes 等（2014）用二倍体烟草（普通烟草 *Nicotiana tabacum*，$2n$=24）和四倍体烟草（粉蓝烟草 *Nicotiana glauca*，$4n$=48）嫁接，得到了六倍体新种（*Nicotiana tabauca*，$6n$=72），并且证明了在嫁接愈合部位产生了砧木和接穗的水平基因组转移。后来，Gurdon 等（2016）将含波缘烟草（*Nicotiana undulata*）雄性不育线粒体的普通烟草（*Nicotiana tabacum*）和可育的林生烟草（*Nicotiana sylvestri*）嫁接，通过监测从嫁接接合处再生植株花的育性，探测到罕见的线粒体DNA（mtDNA）从林生烟草转移到普通烟草，使其恢复了育性。

四、嫁接诱导变异技术不断改进

目前，对于嫁接变异的产生机理及其遗传规律的研究甚少，因而构建诱导高频嫁接变异的试验体系无疑是制约该研究的关键因素之一（王燕等，2011）。传统的劈接、靠接等嫁接方法因砧木和接穗间的遗传物质交流有限，诱导遗传变异的频率较低。近年来，随着植物组织培养技术的不断发展，人们将组织培养技术与传统的嫁接诱导变异技术相结合，创造了多种形式的嫁接诱导变异新技术。有研究报道，通过茎尖离体嫁接（*in vitro* grafting）获得的嫁接嵌合体，因不同谱系起源的细胞和组织密切相邻，信号物质交流活跃，而且其雌雄配子来源于单一细胞层（相同谱系），便于对细胞和组织间嫁接有性后代变异遗传规律的研究（Wang et al.，2010；Chen et al.，2006；Burge et al.，2002）。此外，还有人采用接种病毒、添加植物生长调节剂（Ohtsu，1994）和化学诱变剂（Wakana et al.，2005；王柏龄和万辉，2000；Oiyama and Okudai，1986）等方法处理接穗、砧木或嫁接愈合部位来提高嫁接杂种的诱导频率。

五、将嫁接杂种分为不同类型

近年来，笔者根据嫁接杂种的不同来源，将其分为嫁接嵌合体、嫁接蒙导杂种和嫁接有性杂种 3 种类型。由砧木和接穗结合部位愈伤组织产生的不定芽所形成的嫁接杂种，现在人们普遍地称为嫁接嵌合体。为了与嫁接嵌合体相区别，我们把采用嫁接蒙导法产生的嫁接杂种（即过去通常所说的无性杂种），称为嫁接蒙导杂种，而把嫁接植物有性后代所形成的嫁接杂种，称为嫁接有性杂种。

参 考 文 献

[北魏]贾思勰. 1998. 齐民要术. 北京：中国农业出版社.
[唐]韩鄂. 1981. 四时纂要. 北京：农业出版社.
[宋]苏轼. 1964. 格物粗谈. 北京：商务印书馆.
[宋]吴怿. 1963. 种艺必用. 北京：农业出版社.
[宋]赵希鹄. 1935. 调燮类编. 北京：商务印书馆.
[宋]周师厚. 1964. 洛阳花木记//王毓瑚. 中国农学书录. 北京：农业出版社.
[明]陈诗教. 1988. 灌园史. 北京：全国图书馆文献缩微中心.
[明]邝璠. 1959. 便民图纂. 北京：农业出版社.
[明]李时珍. 1982. 本草纲目. 北京：人民卫生出版社.

[明]俞宗本. 1962. 种树书. 北京: 农业出版社.
[清]陈昊子. 1962. 花镜. 北京: 农业出版社.
[清]鄂尔泰, 张廷玉. 1956. 授时通考. 北京: 中华书局.
陈红, 王永清. 2006. 番茄与茄子嫁接结合部位愈伤组织的 RAPD 分析. 园艺学报, 33(3): 565.
杜比宁. 1974. 植物育种的遗传学原理. 赵世绪译. 北京: 科学出版社: 259-320.
范盛尧. 1999. 接穗郁李影响杏砧变异的实验. 遗传, 21(4): 43-44.
冯金玲, 杨志坚, 陈辉, 等. 2012. 油茶芽苗砧嫁接体愈合过程 AFLP 分析. 中南林业科技大学学报, 32(3): 141-146.
胡三女. 1973. 蓖麻棉. 农业科技, (6): 31.
匡明纲. 1985. 《齐民要术》中的果树遗传育种. 中国农史, (1): 35-39.
李俊星. 2013. 榨菜与紫甘蓝嫁接嵌合体后代叶形变异产生的分子机理及新种质的创制. 杭州: 浙江大学博士学位论文.
李明, 姜世玲, 王幼群, 等. 2006. 基因转录后沉默信号可以在拟南芥嫁接体内快速双向传递. 科学通报, 51(2): 142-147.
刘用生. 2000. 中国古代植物嫁接杂交的记载//周肇基, 倪根金. 农业历史论集. 南昌: 江西人民出版社: 308-317.
刘用生, 李保印, 李桂荣, 等. 2004. 嫁接杂交与果树遗传的特殊性. 遗传, 26(5): 705-710.
孟昭璜, 芦翠乔. 1989. 绿豆与甘薯嫁接的研究. 华北农学报, 4(4): 34-38.
缪启愉. 1998. 齐民要术校释. 北京: 中国农业出版社.
潘相文, 孙晓环, 张凤芸, 等. 2012. 大豆远缘嫁接诱变技术的优化. 大豆科学, 31(2): 237-241.
邵果园, 陆方方. 2010. 远缘植物试管嫁接及 ISSR 分析. 浙江农林大学学报, 27(4): 630-634.
王柏龄, 万辉. 2000. 染色体加倍后的茶树短穗嫁接杂交试验. 蚕桑茶叶通讯, (1): 9-12.
王艳梅, 马天晓, 刘震, 等. 2016. 少球悬铃木嫁接苗的 ISSR 分析. 河南农业大学学报, (5): 629-634.
王燕, 谢辉, 陈利萍. 2011. 植物嫁接诱导的遗传变异机理的研究进展. 遗传, (6): 585-590.
夏涵涵, 杨敏, 何波, 等. 2007. 远缘植物试管苗嫁接及 ISSR 分析. 西南农业学报, 20(6): 1180-1183.
徐冲, Kezia B, 盖新双, 等. 2016. 嫁接诱导对黄瓜部分农艺性状的影响. 中国农业大学学报, 21(2): 58-64.
赵智勇. 2013. 不同植物嫁接体系的建立及嫁接诱导变异机制的初步研究. 新乡: 河南科技学院硕士学位论文.
赵智勇, 职明星, 刘用生, 等. 2013. 植物嫁接杂交研究新进展. 生物学通报, 48(3): 4-6.
周肇基. 1994. 中国嫁接技艺的起源和演进. 自然科学史研究, 13(3): 264-272.
周志林, 唐君, 张允刚, 等. 2009. 嫁接后甘薯品种间基因渗透的研究. 江西农业学报, 21(8): 17-18.
朱肖艳. 2011. 嫁接对西瓜品质性状的影响及 AFLP 多态性分析. 开封: 河南大学硕士学位论文.
祖德明, 赵玉生. 1955. 几个茄科植物无性杂交的研究报告. 农业学报, 6(4): 353-368.
Bailey L H. 1920. Plant Breeding. New York: The Macmillan Company.
Burbank L. 1914. His Methods and Discoveries and Their Practical Application. New York: Luther Burbank Press.
Burge G K, Morgan E R, Seelye J F. 2002. Opportunities for synthetic plant chimeral breeding: past

and future. Plant Cell, Tissue and Organ Culture, 70(1): 13-21.

Carlson P S, Smith H H, Dearing R D. 1972. Parasexual interspecific plant hybridization. Proceedings of the National Academy of Sciences of the United States of America, 69(8): 2292-2294.

Chang W. 1938. Studies in Incompatibility Between Stock and Scion, with Special Reference to Certain Deciduous Fruit Trees. Journal of Pomology and Horticultural Science, (4): 267-325.

Chen L P, Ge Y M, Zhu X Y. 2006. Artificial synthesis of interspecific chimeras between tuber mustard(*Brassica juncea*)and cabbage(*Brassica oleracea*)and cytological analysis. Plant Cell Reports, 25(9): 907-913.

Daniel L. 1929. The inheritance of acquired characters in grafted plants//Duggar B M. Proceedings of the International Congress of Plant Sciences. Menasha, WI: George Banta Publishing Company: 1024-1044.

Darwin C. 1868. The Variation of Animals and Plants under Domestication. London: John Murray.

Dean D S. 1962. An evaluation of the claims of I. E. Glouchtchenko for vegetative hybridization in plants. Journal of Heredity, 53(5): 215-220.

Gurdon C, Svab Z, Feng Y, et al. 2016. Cell-to-cell movement of mitochondria in plants. Proceedings of the National Academy of Sciences of the United States of America, 113(12): 3395-3400.

Hirata Y, Ogata S, Kurita S, et al. 2003. Molecular mechanism of graft transformation in *Capsicum annuum* L. Acta Horticulturae, 625: 125-130.

Körpe D A, İşerİ Ö D, Şahİn F İ, et al. 2012. Determination of genetic stability of tomato, (*Lycopersicon esculentum* Mill.) grafted on tobacco (*Nicotiana tabacum* L.) by random amplified polymorphic DNA analysis. Journal of the Faculty of Agriculture of Harran University, 16(2): 37-44.

Michurin I V. 1949. Selected Works. Moscow: Foreign Languages Publishing House.

Neilson-Jones W. 1969. Plant Chimeras. 2nd ed. London: Methuen.

Noguchi T, Hirata Y, Yagishita N. 1992. Intervarietal and interspecific chimera formation by *in vitro* graft-culture method in *Brassica*. Theoretical and Applied Genetics, 83(6): 727-732.

Ohta Y. 1991. Graft-transformation, the mechanism for graft-induced genetic changes in higher plants. Euphytica, 55(1): 91-99.

Oiyama I, Okudai N. 1986. Production of colchicine-induced autotetraploid plants through micrografting in monoembryonic *Citrus* cultivars. Japanese Journal of Breeding, 36(4): 371-376.

Pandey K K. 1985. Gene movement and genetic manipulation//Freeling M. Plant Genetics. New York: Alan R. Liss, Inc.: 235-249.

Stegemann S, Bock R. 2009. Exchange of genetic material between cells in plant tissue grafts. Science, 324(5927): 649-651.

Stegemann S, Keuthe M, Greiner S, et al. 2012. Horizontal transfer of chloroplast genomes between plant species. Proceedings of the National Academy of Sciences of the United States of America, 109(7): 2434-2438.

Taller J, Hirata Y, Yagishita N, et al. 1998. Graft-induced genetic changes and the inheritance of several characteristics in pepper(*Capsicum annuum* L.). Theoretical and Applied Genetics, 97(5): 705-713.

Taller J, Yagishita N, Hirata Y. 1999. Graft-induced variants as a source of novel characteristics in the breeding of pepper(*Capsicum annuum* L.). Euphytica, 108(2): 73-78.

Tsaballa A, Athanasiadis C, Pasentsis K, et al. 2013. Molecular studies of inheritable grafting induced changes in pepper (*Capsicum annuum*) fruit shape. Scientia Horticulturae, 149: 2-8.

Wang Y, Cheng Q, Zhu X Y, et al. 2010. Studies on reproductive characteristics of an interspecific chimera between *Brassica juncea* and *Brassica oleracea*. Plant Cell, Tissue and Organ Culture, 104(2): 1-7.

Weiss F E. 1930. The problem of graft hybrids and chimaeras. Biological Reviews, 5(3): 231-271.

Winkler H. 1907. Description of *S. nigrolycopersicum* and method of obtaining graft hybrids. Ber Deut Bot Ges, 25: 568-576.

Yagishita N, Hirata Y. 1986. Genetic nature of bushy plant type in the variant strain induced by grafting in *Capsicum annuum* L. Euphytica, 35(1): 17-23.

Yagishita N, Hirata Y. 1987. Graft-induced changes in fruit shape in *Capsicum annuum* L. Ⅰ. Genetic analysis by crossing. Euphytica, 36(3): 809-814.

Yagishita N, Hirata Y, Mizukami H, et al. 1990. Genetic nature of low capsaicin content in the variant strains induced by grafting in *Capsicum annuum* L. Euphytica, 46(3): 249-252.

第三章　对植物嫁接产生变异问题的不同看法

第一节　植物嫁接杂种存在的真实性问题

“嫁接杂交”这个名词一出现，就引起了很多争论。20 世纪 30～60 年代，“嫁接杂交”曾是遗传学中孟德尔-摩尔根学派与米丘林学派争论最激烈、最尖锐的问题。近年来已不再有激烈的争论，甚至有被遗忘的趋势，然而问题尚悬而未决（Zhou and Liu，2015；Liu et al.，2010）。今后应该摆脱思维上的定势及感情上和意识形态上的对立，实事求是地对问题的本质进行研究，使争论的问题早日得以解决。

起初人们怀疑嫁接杂种，主要是因为当时人们普遍认为，只有通过有性途径，即雌雄配子的结合才能获得杂种。所以达尔文说，对嫁接杂种的研究，“迟早会改变生理学者对于有性生殖所持的观点”。随着科学的发展，现在通过原生质体融合获得体细胞杂种和通过基因工程获得转基因植物的事实已是人尽皆知的了。因此，这个怀疑自然就消除了。

一、嫁接杂种遭受的质疑及其诸多原因

从达尔文提出嫁接杂种这个术语的那一天起，人们就怀疑嫁接杂种。在 1938～1946 年的苏联，Khazina 做了大量把番茄品种嫁接到其他番茄品种上及茄科其他属的物种上的研究（Morton，1951）。在 20 世纪 40～80 年代，大多数的研究是由格鲁森科做的（Glushchenko et al.，1988，1948；Glushchenko，1973，1962，1958，1946）。据估计，在 1950～1958 年苏联就有 500 多篇关于“嫁接杂交”的论文发表（祖德明等，1964）。不幸的是，很多西方遗传学家认为那些论文有涉嫌欺骗性的结果（Hagemann，2002；Crane，1949）。

苏联著名遗传学家杜比宁（Dubinin）教授把米丘林用嫁接蒙导法培育的 5 个品种中的 3 个说成是由突变引起的。他认为嫁接之所以能产生遗传性变异，是由于嫁接本身是一种诱因，诱发了基因突变，而不是嫁接杂交的结果。实际上，达尔文早就反对过这种说法，他写道：“唯一逃避这个结论的道路，就是把所有记录下来的例子都归结于简单的芽变”。因为“由简单的芽变产生出来的变种往往呈现完全新的性状；而在上述所有的例子中，如马格纳斯（Magnus）所主张的，嫁接杂种的性状是介于双亲类型之间的。如果说这种结果不是由于一个种类影响了另

一种类而被产生出来，是不可令人相信的”。日本的 Ohta 采用嫁接蒙导法进行辣椒杂交研究，获得了 0.84%的变异率，他认为这样高的频率不可能是自发突变。格鲁森科采用嫁接蒙导法诱导的变异率为 10%～15%，那就更不可能是由突变所引起的了。

苏联的克拉耶沃依（Kraevoi，1971）认为，“在嫁接时砧木和接穗之间没有发生遗传物质（染色体、基因）的交换，因为没有实现交换的机理”，所以“嫁接杂种，从严格意义上说，在自然界是不存在的”。需要指出的是，“嫁接时砧木和接穗之间没有发生遗传物质（染色体、基因）的交换”这个论点在当时是人们的共识，就连竭力倡导“嫁接杂交”的李森科也这么认为。他曾写道：“大家知道，接穗与砧木之间仅仅进行可塑性物质的交换，也就是液体汁液的交换。砧木与接穗间既不能交换细胞核的染色体，也不能交换原生质，但是遗传特性可以由砧木传递给接穗，或由接穗传给砧木。由此可见，接穗及砧木所制造出来的可塑性物质，也具有种的特性，就是说具有遗传性”。后来随着科学的不断发展，证明砧木和接穗之间确实有叶绿体、线粒体和细胞核遗传物质的交换（Gurdon et al.，2016；Fuentes et al.，2014；Stegemann et al.，2012；Stegemann and Bock，2009；李明等，2006；Hirata，2003；Ohta，1991；Pandey，1985）。Ohta（1991）对砧木拍摄的显微照片显示，砧木将木质化和垂死的细胞中呈现不同大小和形状的染色质通过细胞壁和胞间隙向维管束运动，他认为砧木死细胞中的染色质片段通过维管系统转移并整合到接穗生长点细胞的染色体组中，从而使接穗产生遗传性的变异，这说明过去两派学者都存在着片面性。1961 年 4 月 14 日，《文汇报》第 3 版上刊载了我国遗传学家方宗熙教授《克服片面观点 建立新遗传学》的文章，其中这样写道：“摩尔根学派否认嫁接杂种的存在，认为这是米丘林学派粗糙实验的结果，甚至认为这是假造的东西。米丘林学派完全肯定嫁接杂种的存在，并由此提出嫁接杂种形成的理论来全盘否定细胞遗传学、染色体学说和基因学说。事实怎样呢？我们曾做过一些嫁接产生变异的试验，没有得到什么肯定的结果，但我曾亲自看到过别人同类试验的一些结果，也阅读过苏联不少的有关资料。我认为，嫁接杂种是存在的，问题是嫁接杂种形成的机理尚未了然。米丘林学派提出的解释只是一种假说，并没有充分的例证。根据现有的知识看来，我认为嫁接杂种可能产生许多类型，不同的嫁接杂种可能有不同的原因。除了米丘林学派所提出的可塑性物质的论点以外，我认为还有以下的可能原因：①嵌合体的形成，包括突变在内；②病毒的转导作用，经常作为嫁接杂种试验材料的茄科植物是富有病毒的；③原生质的交流现象，即细胞核在特殊条件下的穿壁运动，这由于细胞核物质局部解体由植物体的一部分流入另一部分。我认为，摩尔根学派全盘否定嫁接杂种的态度，不是实事求是的科学态度。米丘林学派利用嫁接杂种的一些事实，而对机理还没有做过令人信服的研究，就提出全面性的理论来全部否定细胞遗传学，那是过分的”。50 多年过去了，重温方先生的这段话，觉得是很公道的，也基本上是正确的，十分难能可贵。

1960 年，美国农业部的海格窦门（Dermen，1960）博士认为，必须是两种体细胞的真正结合，即细胞核融合在一起，并由此发育出内生的不定芽，才能成为真正的嫁接杂种。因为至今还没有一种嫁接体是由一种营养细胞核结合的结果，所以也就无从确认嫁接杂种的真实性。我们不同意海格窦门的说法，因为当初达尔文在创造嫁接杂种这个名词时，并没有说两种嫁接成分必须发生核融合才算嫁接杂种，在达尔文的著作中找不到这样的论述。达尔文只是说嫁接杂种是砧穗细胞组织结合产生出来的一种东西。

一些国内学者曾经根据“由矮化砧木引起矮化的苹果枝条，如果再嫁接到海棠上，还是长成一棵高大的苹果树”的事实，认为“嫁接没有引起遗传物质的变化，所以就不能像有性杂交那样培育出嫁接杂种”。这主要是忽视了嫁接繁殖与嫁接杂交的区别。因为嫁接在矮化砧木上的苹果枝条，是从成龄的栽培品种果树上取下的，其在阶段发育上是老龄的，在性状上是稳定的，因此矮化砧木并未改变其遗传特性，故当再嫁接到海棠上时，还是长成一棵高大的苹果树。

回顾前面的章节，尽管有结果看起来可以证明嫁接会产生遗传变异，问题是为什么会有许多生物学家怀疑其真实性，笔者认为有 4 种因素可以解释这种怀疑论。

第一，许多学者显然被一些现象所误导了，当老果园植株品种按照常规的方式通过嫁接进行繁殖，它们在野生砧木的影响下几乎毫无变化。基于这种现象，人们想象砧木不能影响任何被嫁接的品种，即使接穗是在幼年期。植物学家因此猜测嫁接繁殖和嫁接杂交是自相矛盾的。例如，Soyfer（1994）记录了一个对嫁接杂种最具有怀疑性的观点：“对于笔者来说，这些术语和‘热的冰’或是‘干燥的水’是一样的矛盾修饰语，没有人声称这些术语被广泛接受能使人信服，因为逻辑错误不能在沉默中一带而过，无论是谁引入了这个错误”。实际上，嫁接繁殖和嫁接杂交就嫁接方法和砧木或接穗的发育阶段而论是不同的。在嫁接杂交中，嫁接蒙导法和产生嵌合体嫁接杂种的方法均是特殊的嫁接方法，完全不同于在嫁接繁殖中应用的常规嫁接方法。另外，砧木或是接穗的遗传特性是否改变依赖于其发育阶段。只有当接穗取自年幼实生苗才易于改变。这对于米丘林来说是一个痛苦的教训，使他认识到嫁接繁殖和嫁接杂交的不同。米丘林起初想尝试引进国外材料来改良俄罗斯果树的办法。他首先是受莫斯科园艺学家 Grell 的一个理论影响，即优良的国外品种嫁接到耐寒的本地砧木上可以适应俄罗斯寒冷的气候。米丘林按照这个路线工作了大约 10 年，但失败了，最后他摒弃了这种无效的方法，并意识到了只有种子或是年幼实生苗是可塑的且易于改变的。根据米丘林的试验，关于嫁接繁殖接穗的栽培类型，取自已经结果数年的老树，具有长期发育稳定性，自然不能被年幼而弱小的二年生或三年生砧木改变。相反，在嫁接杂交的情况下，当取自年幼实生苗的接穗被嫁接到一株成年树的顶端时，接穗本身与从接穗上获得的种子，将会在成年树的引导下改变本身的特性。

第二，把嫁接杂种等同于嫁接嵌合体。就如本章开始所提及的，嫁接杂种是被定义为植物嵌合体的一种类型；这个概念几乎是一边倒的，因为忽视了非嵌合体嫁接杂种的存在（温克勒和丹尼尔的嫁接蒙导杂种与米丘林的无性杂种一样）。需要指出的是，创造嵌合体嫁接杂种的方法完全不同于米丘林的嫁接蒙导法。当多细胞起源的不定枝顶端分生组织在异种嫁接结合部的愈伤组织中出现时，嵌合体嫁接杂种就产生了（Marcotrigiano，2001），然而非嵌合体嫁接杂种出现在非常年幼的实生苗嫁接在成年植株上或是从成年植株上取来的接穗嫁接在非常年幼的实生苗上，嫁接体中幼苗在年长植株的引导下易于改变。嵌合体嫁接杂种和非嵌合体嫁接杂种的不同和相似处将会在后文中讨论。为了避免混乱，我们可以把嫁接杂种分为两种类型，产生于嫁接结合部的嵌合体嫁接杂种和应用米丘林的嫁接蒙导法产生的非嵌合体嫁接杂种。

第三，一些研究者在他们的嫁接试验中未能获得嫁接杂种，所以他们否认获得嫁接杂种的可能性。例如，Sachs（1951）在番茄上进行品种间嫁接试验，表明在嫁接当年或后代中叶片形状或是果实颜色没有可见的影响。Stubbe（1954）利用由X射线辐射番茄品种‘Condine Red’和‘Lucullus’所形成的突变体和原来两种原始品种之间开展了 2455 次嫁接，结论是没有证据支持嫁接杂种的存在。Kraevoi（1971）也宣称他在番茄和马铃薯的嫁接试验中没有获得嫁接杂种。问题出来了，为什么一些研究者如 Sachs（1951）、Stubbe（1954）和 Kraevoi（1971）在他们的试验中都没有获得嫁接杂种，然而其他许多研究者如 Glavinic（1955）、Glushchenko（1946）、Frankel（1971，1962，1956）、Ohta 和 Chuong（1975a，1975b）、Shinoto（1955）、Taller 等（1998，1999），以及 Yagishita 和 Hirata（1987，1986），在大多数的情况下获得了嫁接杂种。答案不仅在于嫁接方法，也在于要有熟练地应用嫁接蒙导法的能力。笔者曾对苏联的克拉耶沃伊（Kraevoi，1971）的试验材料和方法做过分析。克拉耶沃伊试验所用的砧木和接穗几乎没有发育阶段上的差别（曾经获得嫁接杂种的格鲁森科是采用种子萌发 24h 的嫩芽用作接穗，已生长 30 天的植株作砧木）。而且他的嫁接方法是“使砧木和接穗上有差不多相等的叶面积”，这是违反嫁接蒙导法原则的。因为嫁接蒙导法不但要求砧木和接穗在发育阶段上要有较大差别，而且特别强调要尽量减少接穗叶片数量，而大量增加砧木的叶片数量。克拉耶沃伊没有严格按照蒙导法去做嫁接产生变异试验，因此没有获得嫁接杂种，于是他就否定嫁接杂种存在的真实性。在这里要特别强调方法的重要性，正如李森科所讲的：“为什么很多科学家在进行检验试验时通常没有获得嫁接杂种，而在我们的试验中，嫁接杂交却成功了呢？这乃由于问题并不是单纯地在于嫁接，而是在于巧妙地、米丘林式地迫使一个品种的适当的细胞去同化另一个品种所供给的养料”。新中国成立后在我国率先进行茄子嫁接杂交研究的祖德明教授，曾叙述过他从事嫁接杂交的经历：“最初我们做嫁接杂交，当时只听说做嫁接杂交试验产生了嫁接杂种，却不知如何去做，只好按照自己的想法进行。这样连续做了两次，一直没有结果。可是并没有死心，总想看个究竟，因为料想米丘林不会瞎说。到北京之后，由于看到了较多的有关米丘林学说的介绍，发觉过去试验之所以没有成功，可能是因为没有选用年龄老幼不同的植株，没有剪去预期受影响一方的叶片。所以，以后在嫁接变异方法上做了改进，从而看到了嫁接杂种的产生（祖德明和赵玉生，1955)。在试验设计上考虑到由于方法的不同可能有不同的结果，故采用了劈接、芽接和嫩芽接 3 种方法。结果表明，劈接、芽接引起的变异很小”。1956 年，原日本遗传学会会长、国际遗传学会秘书长篠远喜人，他原是以怀疑的态度进行茄子嫁接变异试验的，但出乎意料地获得了嫁接杂种，因此他说“无论何人只要他按照获得嫁接杂种的方法客观地去进行试验，就可以获得嫁接杂种”。

笔者认真核实了 Stubbe（1954）和 Kraevoi（1971）所应用的嫁接方法，并且发现他们并没有正确地遵照嫁接蒙导法。尽管 Sachs（1951）在他的番茄试验中遵照了嫁接蒙导法，但他仅做了短时间的观察。值得提出的是，在短期内获得成功的结果是罕见的；但大多数研究者工作很多年是能够获得嫁接杂种的。例如，Ohta（1961）研究通过嫁接在红辣椒中转移细胞质雄性不育性获得了失败的结果。然而，后来他成功获得了辣椒的变异果实（Ohta and Chuong，1975a，1975b）。

第四，未知的嫁接变异机理困惑着生物学家。根据染色体遗传学说，基因位于染色体上。很多人认为染色体不能在接穗和砧木中进行交换；因此，他们认为通过嫁接途径获得杂种是不可能的。例如，Kraevoi（1971）宣称真正的嫁接杂种不可能被获得，再者，两个不同植株的共存组织细胞不会交换遗传信息。现在，众所周知的是，mRNA 和一些小 RNA 可以在细胞间和植株周围移动（Lucas et al.，2001），并且大多数生物学家接受某些基因惯常在同一染色体内，两个染色体间，在同一物种内和不同种间移动（Comfort，2001）。

一些人把伴随于有争议的嫁接变异归因于突变或意外污染。但是在大部分嫁接试验中，发生的概率高达 10%～15%，显然远高于解释为通过突变而来的数值。被不明花粉意外受精的可能性也被驳回，因为在大多数的嫁接试验中，砧木或接穗的花芽在开花期都被用袋子隔离了。

二、嫁接产生变异的诸多证据

通过嫁接确认形成杂种是否真的可能，无疑是一件令人极感兴趣的事情。在最近的几十年里，有许多非苏联科学家多次报道嫁接诱导的变异体特性是稳定且能遗传的。例如，1955 年，日本遗传学会的会长 Shinoto 博士，报道已经得到茄子的嫁接杂种：①‘Kantoao’品种（青果）嫁接到‘Sinkuro’品种（黑果）上，20 株嫁接成功，其中 16 株接穗枝条挂果，挂果植株中的 9 株果实是青色的，而其他 7 株的果实是黑色的。②‘Sinkuro’嫁接到‘Kantoao’上，4 株嫁接苗中的 2 株在砧木上的果实都是青色，然而在其他 2 株上，砧木的叶片和果实全部变成了黑色。③‘Kantoao’接穗上经过自交所得的黑色果实的种子第一代显示出两种类型植株的分离，25 株青色的和 10 株黑色的。值得提及的是，我国祖德明和赵玉生（1957）、瑞士 Stroun 等（1963）、匈牙利 Rajki 和 Pal（1966）的茄子嫁接变异试验也获得了相似的结果。

Glavinic（1955）以‘Kartofelish’品种作砧木、子叶期‘Golden Trophy’品种作接穗，获得了 3 个单基因孟德尔遗传性状的番茄（缺刻叶而非马铃薯叶，果实黄色而非红色，短果型而非长果型）。值得注意的是，这是第一代实生苗，它产生于接穗的自交果实而不是接穗本身，它能产生接穗和砧木性状的不同组合。当每一个组合的单株自交后，3 个单基因孟德尔性状将会有纯育的趋势，尽管大量的分离也会发生。Glavinic 在她做嫁接试验之前，检测了这些品种 4 个世代的纯合性。在接穗上的嫩芽被羊皮纸袋隔离，直到果实已经在其中形成才被移除。双亲‘Kartofelish’和‘Golden Trophy’的生长作为对照。Dean（1962）认为 Glavinic 的工作有助于满足证明嫁接变异可能性假设的最低要求，即使他怀疑格鲁森科的理论。

在 20 世纪 50～70 年代，Frankel 证明了嫁接转移牵牛花的细胞质雄性不育性。雄性可育的接穗被嫁接到了雄性不育的砧木上，接穗花雄性可育性仍旧独立，但是当接穗的花自交或是和其他的保持系杂交时，雄性不育的后代就产生了（Frankel，1971，1962，1956）。Edwardson 和 Corbeet（1961）证实了 Frankel 的试验结果。嫁接转化细胞质雄性不育性的尝试也已经在甜菜（Curtis，1967）和苜蓿（Thompson and Axtell，1978）中取得了成功。

日本的许多学者长期进行茄科蔬菜嫁接变异研究，不仅诱发了许多变异，还培育出了不少新类型和新品种。Kasahara 及其同事在辣椒（*Capsicum annuum*）上进行了大量的嫁接变异试验。1967 年，一名日本的“孟德尔主义者” Ohta，被允许检查 Kasahara 的原始数据。他注意到一些异常可以归因于误差，但他推断其他的不一致似乎可能是真的并且超出了孟德尔遗传学的范畴。Ohta 及其同事用 Kasahara 所用的材料和方法，结果为产生的变异体和 Kasahara 的相似。在他们的试验中，两种红辣椒品种‘Tochigisantaka’（直立、簇生的红果）和‘Kiiro’（下垂、非簇生的黄果）被相互嫁接。接穗自交后代的第一代、第二代和第三代变异体发生的总概率是 0.84%（Ohta and Choung，

1975a)。Ohta 和 Choung（1975b）在另外一组试验中发现，在砧木上人工接种蚕豆枯萎病的单链 RNA 病毒，基因转移率由未被接种砧木的 2%显著地提高到被接种砧木的 16.5%。显然，和嫁接有关的遗传改变因病毒的感染而增强了。应该提及的是，不像 Kasahara 和 Ohta 特别注意果实的生长方向、位置和成熟果皮的颜色等性状，因为他知道这些是已经有现成基因符号的孟德尔式性状；并且他们得到了那些或者拒绝接受或者怀疑米丘林学派的孟德尔主义者的足够理解。从试验的一开始，一个特别令人担心的问题就是如何避免试验中每一步可能的污染。他用纯合的试验材料——这些材料维持了 5 代的自交，播种于无菌的土壤和箱子中。确定每一个品种的基因型是通过自交或和双亲的测交来检验意外污染的可能性。Ohta 和 Choung（1975a）推论出大部分变种不是来自污染，变种发生的概率因自发突变而很高。因此，正如 Pandey（1985）所说：我们没有理由怀疑这些结果的真实性，因为多个专业的孟德尔遗传学者在各自的实验室中独立做过并得到了相似的结果。

在辣椒、茄子和其他的植物中，Yagishita 和他的同事已经清楚嫁接杂种的存在（Hirata et al.，2003；Taller et al.，1998，1999；Yagishita et al.，1990；Yagishita and Hirata，1987，1986；Hirata and Yagishita，1986）。在辣椒中，从‘Yatsubusa’的接穗上获得了变异体果实，这种接穗被嫁接在‘Spanish Paprika’砧木上，并且通过种子繁殖已经稳定遗传了至少 27 代（Yagishita et al.，1990）。砧木和接穗品种在许多性状上不同，每重复一次嫁接增加了变异体的变异范围，他们基于变异体果实的形状选出变异系，最后建立了稳定的嫁接杂种系。利用 G_5S_{45} 代（即连续嫁接 5 次后再连续有性近交的 45 代），他们分析了嫁接诱导的遗传变异和许多性状的遗传（Taller et al.，1998），进而追踪基因通过维管系统从砧木传送到接穗、整合到基因组中并且通过有性生殖传递到接穗后代基因组中（Hirata et al.，2003）。特别值得一提的是，Lucas 和 Hake（1995）、Xoconostle-Cazarers 等（1999）和 Stegemann 和 Bock（2009）先后发表在 *Science* 杂志的 3 篇权威论文有力地表明了培育植物嫁接杂种的可行性。Stegemann 等（2012）和 Gurdon 等（2016）发表在《美国科学院院报》(*Proceedings of the National Academy of Sciences of the United States of America*，*PNAS*) 上的两篇论文分别证明了叶绿体和线粒体可以在嫁接结合部的细胞之间转移。特别值得一提的是，Fuentes 等（2014）在 *Nature* 杂志上报道利用嫁接方法产生砧穗细胞核基因组叠加的、可正常遗传的多倍体新物种，更令世人称奇。

Dole 和 Wilkins（1991）在不同的猩猩木栽培品种上进行了自身的和相互的嫁接。当有限分枝品种‘Eckespoint C-1 Red’（CR）接穗被嫁接到了无限分枝品种‘Annette Hegg Brilliant Diamond’（BD）砧木上后，和嫁接联合体 CR/CR（接穗/砧木）相比，CR 植株的枝条类型和叶形的特性改变了。CR 嫁接到 BD 砧木上产生了一株和 BD 植株的腋芽长度和茎节数极为相似的植株。然而，其腋芽直径和叶形居于 CR 和 BD 之间。这种变化在连续两代的无性繁殖之后仍旧存在，因此被认为是可遗传的。

在我国，不仅过去有许多获得嫁接杂种的事实，现在也有许多关于嫁接杂种的报道。例如，河南省商丘农科所孟昭璜通过甘薯与绿豆嫁接培育出了薯绿豆新品种。陕西省咸阳市渭城中学的范盛尧先生经过 20 多年的试验，获得了郁李（‘紫叶’李）和杏的嫁接杂种，它和‘紫叶’李接穗极其相似，但和原始的植株——作为砧木的杏树在很多性状上完全不相同（范盛尧，1999）。近年来，我国科学家已经在豆类作物运用嫁接技术获得嫁接杂种上取得了一定的育种经验（潘相文等，2012；Zhang et al.，2002），这也为米丘林的嫁接蒙导法提供了证据。笔者经过多年试验也获得了‘紫叶’李与‘玉皇’李的嫁接杂种。

进入 20 世纪 90 年代以来，随着现代分子生物学和分子遗传学的突飞猛进，一些研究表明：在嫁接植物体中，来自砧木的遗传信号物质（如转录因子、mRNA 和小 RNA）能够通过胞间连丝和维管束转移到接穗中并调控接穗的生长发育模式（Kim and Pai，2009；Ding et al.，1999；Lucas and Hake，1995）。特别是 Fuentes 等（2014）在 *Nature* 杂志上报道利用嫁接方法产生砧穗基因组叠加的新物种，更令世人称奇。因此，笔者认为否认嫁接杂种存在的真实性，在理论上是站不住脚的，在实践上也是极其有害的。

第二节　植物嫁接嵌合体与嫁接杂种的关系问题

目前有许多学者认为，以往所谓的嫁接杂种实际上是嫁接嵌合体，笔者认为这种观点是片面的。达尔文列举的‘亚当金雀花’‘怪异橙’等嫁接杂种，后来被一些学者称为嫁接嵌合体。但采用嫁接蒙导法所产生的嫁接杂种，与嫁接嵌合体根本就不是一回事。

嫁接嵌合体的术语是由德国植物学家温克勒（Winkler，1907）首先提出的。他曾用不同的方法把番茄和龙葵相互嫁接。在嫁接植物愈合之后，从愈合的地方做一个切面，把接穗除去，但在留下的愈伤组织中仍有接穗的组织。切面不久愈合，由愈合处产生不定芽。如果这些不定芽是由龙葵组织产生的，则为龙葵的枝条；如果是由番茄组织产生的，则为番茄的枝条。如果不定芽是从龙葵和番茄联合的地方形成的，那么它们所长出的枝条，不像龙葵，也不像番茄，成为中间型或称嵌合体。嵌合体是希腊词，在神话中它是幻想出的喷火怪物，具有狮子头、山羊身和龙尾巴。

温克勒认为嫁接杂种的形成有 3 种可能性：①由于砧木和接穗相互影响而产生的嫁接杂种，称为“影响杂种”。但是温克勒认为这种可能性在理论上是不存在的。②砧木和接穗在嫁接的地方相互融合起来，由此形成的杂种称为“融合杂种”，只有用这种方法产生的杂种才是真正的杂种。③在嫁接情况下，砧木和接穗成分之间发生机械的混合，温克勒称为“嵌合体”，并且把嵌合体分为周缘嵌合体、区分嵌合体、不完全周缘嵌合体和杂型嵌合体 4 种类型。

温克勒在吐宾根（Tubingin）那个地方开始从事嫁接工作。经过多次试验，他获得以下 5 种类型，并对每个类型都给了一定的名称。①*Solanum* Tubingense（吐宾根）：叶形似龙葵，叶缘似番茄，有粗毛，$2n$=72。②*Solanum* Koelreuterianum（高勒瑞特利别亚）：叶形似番茄，但表面似龙葵，各部分组织中染色体变动很大，$2n$=48～105。③*Solanum* Proteus（布鲁他斯）：叶形似龙葵，但具有番茄的特性，$2n$=24。④*Solanum* Gaertherianum（盖特奈瑞亚）：叶形似番茄，但具龙葵的特征，$2n$=72。⑤*Solanum* Darwinianum（达尔文）：叶形似番茄和龙葵的中间型，表皮细胞与龙葵相似，$2n$=48，不能产生受精的种子。

鲍尔（Baur，1908）把温克勒所获得的材料都做了详细的研究，认为第 1 种是一层番茄细胞包被于龙葵的组织上，为单层周缘嵌合体；第 2 种是一层龙葵组织包被于番茄组织，为单层周缘嵌合体；第 3 种为两层番茄细胞包被于龙葵组织上，为双层周缘嵌合体；第 4 种为两层龙葵细胞包被于番茄的组织上，为双层周缘嵌合体。以上 4 种均为嵌合体，亦即两种组织机械地嵌合在一起，因而不能算作嫁接杂种。至于第 5 种，因为它的染色体为 48，既不像龙葵（72），也不像番茄（24），于是温克勒称为“融合嵌合体”。它的染色体数目是番茄体细胞和龙葵体细胞的融合，并在细胞分裂的过程中用某种方式减半而成，即 72+24=96，96÷2=48。但是后来又有一些学者认为温克勒的推论不可靠，体细胞染色体怎会减半呢？而认为这种现象是番茄组织染色体的加倍（24+24=48）。

格鲁森科曾研究了温克勒的 5 种杂种：第 1 种叶形似龙葵，但是茎上具有番茄所具有的茸毛；第 2 种叶形似番茄，但是表皮又似龙葵；第 3 种果实似番茄，呈红色，但是要比番茄的果实小 2～3 倍，而且果肉中具有深蓝色的色素（龙葵所具有的），果实表皮有紫色的条纹与斑点；第 4 种似龙葵，但是果实颜色在成熟的过程中由绿变黄，最后才变成紫色，另外果实是多室的，这些都反映了番茄的特征；第 5 种的很多性状，介于番茄和龙葵之间。

为了更深刻地研究嵌合体，格鲁森科也曾用了和温克勒一样的材料（番茄和龙葵），并用同样的方法进行嫁接。在龙葵与‘阿尔比诺’番茄嫁接的组合中，从愈伤组织中获得了 4 个枝条，其中 3 个似龙葵，1 个为中间型。这个中间型枝条结实性不强，花瓣 5～8 瓣，所结的果实一种类似番茄，但具有龙葵果实特有的黑紫色，在种室的薄膜组织上呈现绿紫色（龙葵特征），而果肉为淡黄色（番茄特征）。杂种的果皮细胞在‘阿尔比诺’番茄果肉的影响下失掉原有龙葵的色素。杂种植株在一些细微的性状上也发生了很大的变化，如叶面着生茸毛的构造上有很大的变化。我们知道龙葵茸毛细长，尖端细胞为圆形；番茄茸毛也为细长，但尖端细胞为尖长形。而杂种则与二亲本不同。杂种叶片上气孔数目和大小，以及排列的密度都发生了变异。杂种的染色体数目也发生了很大的变化。我们知道番茄染色体 $2n$=24，龙葵 $2n$=72，而杂种 No77/1 染色体 $2n$=24、$2n$=23、$2n$=17。杂种 No77/2，一般 $2n$=60 或 $2n$=63。杂种 No77/3，一般 $2n$=48，但也有等于 70 的。不仅染色体数目发生变化，而且染色体的着色性质也发生改变，例如，杂种 No146，染色体一般为 $2n$=72，但在 1 个细胞中 $2n$=68，而其中有 4 种染色体着色很浅。不仅如此，这些杂种后代的花粉发育也极不正常。

通过以上试验，格鲁森科认为，按照温克勒的方法所产生的嵌合体式杂种，和它的亲本比较起来，在很多方面都发生了变化，这正是用嫁接方法所获得的嫁接杂种的一种形式。

李森科不大赞同嵌合体的说法。他曾写道："实际上，所谓嵌合体可以看作混合遗传性的表现，如有机体的某一部分表现亲本之一的特性，而另外的部分具有另一个亲本的特性，也就像花斑牛或斑纹牛身上的一个斑块的皮毛具有母本皮毛的颜色，而另一个斑块具有父本皮毛颜色一样。但是，谁又曾想到把花斑牛叫做嵌合体呢？"他还说："对嵌合体所做的各种解释，大部分可能是正确的，甚至说嵌合体不是嫁接杂种这种说法也常常是对的，但是，在自然界中，存在着嫁接杂种这一点无疑是正确的。米丘林的巨大功绩就在于他学会了获得嫁接杂种，为我们提供了蒙导法。任何科学家和集体农庄庄员在了解了蒙导法以后，都能够用嫁接方法使很多植物实行杂交。"

综合上述资料，并结合近年来嫁接嵌合体研究方面的进展，我们赞同格鲁森科的说法，嫁接嵌合体是嫁接杂种的一种类型。

第三节　嫁接产生变异研究的必要性问题

嫁接诱导表型变化的遗传可能性表明，接穗-砧木交流的调控过程也涉及遗传组分。Wang 等（2017）认为这种遗传可能性的存在与李森科的嫁接杂种假说一致，这表明嫁接杂交与有性杂交具有相似的性质。这种似乎与孟德尔遗传学不一致的概念最初被西方科学家拒绝，但近几十年的研究为嫁接杂交的存在提供了证据。张金英和孙仲序（1993）曾提出：嫁接杂交育种方式缓慢而陈旧，正在逐渐被淘汰。认为嫁接杂交方法过于简单，原理没有研究透彻，目的性欠准确，变异类型出现率低，所以发展前途不大。只有遗传工程才是潜力极大的培育新品种、新生物的最有效的方法。但 Pandey（1985）认为，嫁接杂交可以提供一些比离体条件下的转化、突变发生、体细胞杂交等更为简单的方法，能缩短培育一个品种所需要的时间，并且可以通过打破连锁关系而能够从比较远缘的种中有选择性地单独转移所需要的基因。Albacete 等（2015）研究认为嫁接可以作为一种突破砧穗间有性杂交障碍的方法，利用其产生的表观遗传可以获得新的有益变异。笔者认为，没有一种育种方法是绝对好的，也没有一种方法是绝对差的。嫁接杂交作为一种育种方法和研究手段有其优越性和局限性，是常规育种方法和现代基因工程的重要补充。

欧盟委员会联合研究中心下属的前瞻性技术研究所及健康和消费者保护研究所的 Lusser 等（2012）介绍了 7 种“新的植物育种技术”（new plant breeding techniques，NPBT）——锌指核酶（ZFN）技术、寡核苷酸引导的突变、同源转基因、RNA 介导的 DNA 甲基化、转基因砧木上的嫁接、反向育种和农杆菌侵染，其中“转基因砧木上的嫁接”是指将非转基因的接穗嫁接到转基因的砧木上，这样果实中将不含有转基因成分，而砧木可以通过转基因增强根部能力及引入土传病害的抗性，以达到使接穗增产的效果。这种技术同样可以利用 RNA 干涉技术，砧木里的小 RNA（sRNA）可以转移到嫁接植物里并调控基因表达。Kasai 等（2016）利用嫁接诱导的 RNA 沉默来进行马铃薯改良，使得培育人工芽变品种成为可能。从 NPBT 的角度对产品进行评估时，由此产生的马铃薯将免于转基因限制（Brian，2013）。此外，表观遗传修饰的马铃薯不会保留功能性干扰小 RNA（siRNA），所得植物不含任何重组 DNA。值得注意的是，这项研究结合了两项植物育种新技术——“转基因砧木上的嫁接”和“RNA 介导的 DNA 甲基化”，对马铃薯、番薯等无性繁殖作物的育种具有重大意义。

到目前为止，嫁接变异仍有许多基本问题需要解决。最近的工作已经揭示了触发分子运动的原因（Paultre et al.，2016；Zhang et al.，2016），但使细胞间分子运输更详细的机理仍需要进一步的研究。广泛的大分子，包括 DNA、RNA 和蛋白质，已被证明在接穗和砧木之间移动，但关于这些分子的相互作用方式，以及它们如何在受体内转化、调控或修饰表观遗传等一系列问题就自然产生了。是否还有其他未发现的途径影响嫁接诱导的表型改变？此外，细胞信号转导是一个动态过程，因此监测嫁接后不同时间点分子的传输将是重要的。Wang 等（2017）提出了一个框架，结合微分方程和动态数据通过博弈理论来确定参与维管束形成的那些基因和调控因子。在嫁接变异的诸多分子机理弄清楚之后，可以期待通过嫁接定向改良植物。

参 考 文 献

范盛尧. 1999. 接穗郁李影响杏砧变异的实验. 遗传, 21(4): 43-44.

方宗熙. 1961-4-14. 克服片面观点 建立新遗传学. 文汇报, 第 3 版.

李明, 姜世玲, 王幼群, 等. 2006. 基因转录后沉默信号可以在拟南芥嫁接体内快速双向传递.

科学通报, 51(2): 142-147.
潘相文, 孙晓环, 张凤芸, 等. 2012. 大豆远缘嫁接诱变技术的优化. 大豆科学, 31(2): 237-241.
张金英, 孙仲序. 1993. 林木无性杂交和遗传工程的建立与进展. 山东林业科技, (3): 22-26.
祖德明, 李继耕, 李向辉, 等. 1964. 植物及动物的无性杂交. 北京: 科学出版社.
祖德明, 赵玉生. 1957. 几个茄科植物无性杂交的研究报告. 农业学报, 6(4): 353-368.
Albacete A, Martínez-Andújar C, Martínez-Pérez A, et al. 2015. Unravelling rootstock×scion interactions to improve food security. Journal of Experimental Botany, 66(8): 2211-2226.
Baur E. 1908. Das Wesen und die Erblichkeitsverhältnisse der "Varietates albomarginatae hort". von *Pelargonium zonale*. Molecular and General Genetics, 1(1): 330-351.
Brian H. 2013. Europe should rethink its stance on GM crops. Nature, 498(7455): 409.
Comfort N C. 2001. Are genes real? Natural History, 110(5): 28-37.
Crane M B. 1949. Lysenko on grafting and genetics. Discovery, 10: 64-66.
Curtis G J. 1967. Graft-transmission of male sterility in sugar beet(*Beta vulgaris* L.). Euphytica, 16(3): 419-424.
Dean D S. 1962. An evaluation of the claims of I. E. Glouchtchenko for vegetative hybridization in plants. Journal of Heredity, 53(5): 215-220.
Dermen H. 1960. Nature of plant sports. American Horticultural Magazine, 39: 23-73.
Ding B, Itaya A, Woo Y M. 1999. Plasmodesmata and cell-to-cell communication in plants. International Review of Cytology, 190(8): 251-262.
Dole J M, Wilkins H F. 1991. Vegetative and reproductive characteristics of poinsettia altered by a graft-transmissible agent. Journal of the American Society for Horticultural Science, 116(2): 307-311.
Edwardson J R, Corbett M K. 1961. Asexual transmission of cytoplasmic male sterility. Proceedings of the National Academy of Sciences of the United States of America, 47(3): 390-396.
Frankel R. 1956. Graft-induced transmission to progeny of cytoplasmic male sterility in *Petunia*. Science, 24: 684-685.
Frankel R. 1962. Further evidence on graft-induced transmission to progeny of cytoplasmic male sterility in *Petunia*. Genetics, 47(6): 641-646.
Frankel R. 1971. Genetic evidence on alternative maternal and mendelian heredity element in *Petunia*. Heredity, 26(1): 107-119.
Fuentes I, Stegemann S, Golczyk H, et al. 2014. Horizontal genome transfer as an asexual path to the formation of new species. Nature, 511(7508): 232-235.
Glavinic R. 1955. Vegetative hybridization of tomato. A proceedings of the 14th International Horticulture Congress, 1: 440-445.
Glushchenko I E, Bazavluk V J, Medvedeva G B. 1948. Plant chimeras as a form of vegetative hybrids. Trudy Inst Genetiki, 15: 58-97.
Glushchenko I E. 1946. Experimental data on hybridizing tomatoes by grafting. Agrobiologija (Agrobiology), (3): 8-105.
Glushchenko I E. 1958. Some regularities of vegetative hybridization of plants. Proceedings of the 10th International Congress Genetics(Montreal), 2: 33.
Glushchenko I E. 1962. Vegetative hybridization and its importance for plant breeding. Trudy Inst Genetiki(Proc Inst Genetics), 29: 60-66.
Glushchenko I E. 1973. The nature of chimerical plants. Plant Breeding Abstract, 43(6): 35.
Gurdon C, Svab Z, Feng Y, et al. 2016. Cell-to-cell movement of mitochondria in plants. Proceedings

of the National Academy of Sciences of the United States of America, 113(12): 3395-3400.
Glushchenko I E, Nedesheva G N, Avetisova L V. 1988. Cell engineering *in vivo* in some vegetable crops. Plant Breeding Abstracts, 58(7): 670-671.
Hagemann R. 2002. How did East German genetics avoid Lysenkoism? Trends Genetics, 18(6): 320-324.
Hirata Y, Ogata S, Kurita S, et al. 2003. Molecular mechanism of graft transformation in *Capsicum annuum* L. Acta Horticuturae, 625: 125-130.
Hirata Y, Yagishita N. 1986. Graft-induced changes in soybean storage proteins. Ⅰ. Appearance of the changes. Euphytica, 35(2): 395-401.
Kasahara T, Nakamura T, Yoneyama Y. 1973. Graft-induced variation in red peppers. Recent Advances in Breeding, 13: 73-89.
Kasai A, Bai S, Hojo H, et al. 2016. Epigenome editing of potato by grafting using transgenic tobacco as siRNA donor. PLoS One, 11(8): e0161729.
Kim I, Pai H S. 2009. Mobile macromolecules in plant development. Journal of Plant Biology, 52(3): 186-192.
Kraevoi S Y. 1971. The possibilities of using grafting in plant breeding//Dubinin N P. Genetic Principles of Plant Selection. Moscow: Nauka: 343-373.
Liu Y S, Wang Q L, Li B Y. 2010. New insights into plant graft hybridization. Heredity, 104(1): 1-2.
Lucas W J, Hake S. 1995. Selective trafficking of KNOTTED1 homeodomain protein and its mRNA through plasmodesmata. Science, 270(5244):1980-1983.
Lucas W J, Yoo B C, Kragler F. 2001. RNA as a long-distance information macromolecule in plants. Nature Reviews Molecular Cell Biology, 2(11): 849-857.
Lusser M, Parisi C, Plan D, et al. 2012. Deployment of new biotechnologies in plant breeding. Nature Biotechnology, 30(3): 231-239.
Marcotrigiano M. 2001. Genetic mosaics and the analysis of leaf development. International Journal of Plant Sciences, 162(3): 513-525.
Ohta Y. 1991. Graft-transformation, the mechanism for graft-induced genetic changes in higher plants. Euphytica, 55(1): 91-99.
Ohta Y, Chuong P V. 1975a. Heredity changes in *Capsicum annuum* L. Ⅰ. Induced by ordinary grafting. Euphytica, 24: 355-368.
Ohta Y, Chuong P V. 1975b. Heredity changes in *Capsicum annuum* L. Ⅱ. Induced by virus-inoculated grafting. Euphytica, 24: 605-611.
Pandey K K. 1985. Gene movement and genetic manipulation//Freeling M. Plant Genetics. New York: Alan R. Liss, Inc.: 235-249.
Paultre D S G, Gustin M P, Molnar A, et al. 2016. Lost in transit: long-distance trafficking and phloem unloading of protein signals in *Arabidopsis* homografts. The Plant Cell Online, 28: 2016-2025.
Rajki E, Pal G. 1966. Transplantation of a part of the berry fruit of *Solanum melongena* L. Acta Agronomy Academic Science, 15(3-4): 301-309.
Sachs L. 1951. “Vegetative hybridization” in the tomato. Nature, 167(4242): 282-283.
Shinoto Y. 1955. Graft experiments in eggplant. Kagaku, 25: 602-607.
Soyfer V N. 1994. Lysenko and the Tragedy of Soviet Science. New Brunswick: Rutgers University Press.
Steele E J, Blanden R V. 2000. Lamarck and antibody genes. Science, 288(5475): 2318-2319.

Stegemann S, Bock R. 2009. Exchange of genetic material between cells in plant tissue grafts. Science, 324(5927): 649-651.

Stegemann S, Keuthe M, Greiner S, et al. 2012. Horizontal transfer of chloroplast genomes between plant species. Proceedings of the National Academy of Sciences of the United States of America, 109(7): 2434-2438.

Stroun M, Mathon C, Stroun J. 1963. Modifications transmitted to the offspring, provoked by heterograft in *Solanum melongena*. Arc Sci Geneve, 16: 1-21.

Stubbe H. 1954. On vegetative hybridization in plants: experiments with tomato mutants. Kulturpflanze, 2: 185-236.

Taller J, Hirata Y, Yagishita N, et al. 1998. Graft-induced genetic changes and the inheritance of several characteristics in pepper(*Capsicum annuum* L.). Theoretical and Applied Genetics, 97(5): 705-713.

Taller J, Yagishita N, Hirata Y. 1999. Graft-induced variants as a source of novel characteristics in the breeding of pepper(*Capsicum annuum* L.). Euphytica, 108(2): 73-78.

Thompson T E, Axtell J D. 1978. Graft-induced transmission of cytoplasmic male sterility in alfalfa. Journal of Heredity, 69(3): 159-164.

Wang J, Jiang L, Wu R. 2017. Plant grafting: how genetic exchange promotes vascular reconnection. New Phytologist, 214(1): 56-65.

Winkler H. 1907. Description of *S. nigrolycopersicum* and method of obtaining graft hybrids. Berlin Deutlich Botany Gestiegen, 25: 568-576.

Yagishita N, Hirata Y. 1986. Genetic nature of bushy plant type in the variant strain induced by grafting in *Capsicum annuum* L. Euphytica, 35(1): 17-23.

Yagishita N, Hirata Y. 1987. Graft-induced changes in fruit shape in *Capsicum annuum* L. Ⅰ. Genetic analysis by crossing. Euphytica, 36(3): 809-814.

Yagishita N, Hirata Y, Mizukami H, et al. 1990. Genetic nature of low capsaicin content in the variant strains induced by grafting in *Capsicum annuum* L. Euphytica, 46(3): 249-252.

Zhang D H, Meng Z H, Xiao W M, et al. 2002. Graft-induced inheritable variation in mungbean and its application in mungbean breeding. Acta Batanica, 44(7): 832-837.

Zhang W, Thieme C, Kollwig G, et al. 2016. tRNA-related sequences trigger systemic mRNA transport in plants. Plant Cell, 28(6): 1237-1249.

Zhou X M, Liu Y S. 2015. Hybridization by grafting: a new perspective? Hortscience, 50(4): 520-521.

第四章　植物嫁接产生变异的理论和实践意义

第一节　嫁接变异在植物遗传理论研究中的意义

我国已故遗传学家方宗熙（1961）先生曾指出："嫁接杂交可以丰富遗传学内容，在实践上和理论上开辟了新的途径，值得进一步深入研究"。嫁接变异在遗传理论研究中的意义主要有以下几个方面。

一、嫁接变异是达尔文遗传理论（泛生论）的重要依据

学习遗传学，一般人只知道孟德尔的遗传规律和摩尔根的染色体遗传理论，不知道或不熟悉达尔文的遗传理论。这也难怪，因为许多遗传学教材中很少提到（或者根本就不提）它，甚至在专门把嫁接变异作为一章内容的"米丘林遗传学"教材中，也根本就不提它。所以在本书中，有必要简要地谈一谈达尔文的遗传理论，因为达尔文一直把"嫁接杂交"看作他的遗传理论的重要依据之一。

1868 年，达尔文出版了《动物和植物在家养下的变异》（与《物种起源》互为姊妹篇），明确指出遗传与变异规律的研究是生物进化论的基础。他调查整理了动植物遗传育种的大量资料，把人工选择和自然选择对比起来研究，并把遗传、变异和发育密切联系起来，提出了第一个全面的遗传理论——泛生论（pangenesis），试图对所有的遗传变异现象做出统一的解释。他的泛生论实际上是对当时的细胞理论的修改和补充。他认为细胞除了拥有自我分裂的生长力以外，还能够释放出微小的、可在细胞之间移动的、可自我复制的遗传分子（他称为 gemmules，中文翻译成"微芽""芽球""泛生粒""泛生子""泛子"）。根据这个假说，他不仅解释了性状的优势遗传现象（后来被称为显性遗传或孟德尔式遗传），还解释了获得性遗传（拉马克式遗传）、嫁接杂交、返祖遗传、先父遗传、花粉直感、器官转位、再生和发育等许多遗传现象（Liu and Li，2016；Liu，2008）。

越来越多的研究表明，达尔文的泛生论是第一个真正重要的遗传理论，并且深深地影响了很多后来的理论，尤其是 Galton、Brooks、Weismann 和 de Vries 的理论（Darovskikh，2017；Liu，2005；Doncaster，1912）。虽然一般认为达尔文的"微芽"与现代的基因相差甚远，但"微芽"可视为一种原始的基因概念（谢平，2014）。"gene"这个单词是由 Johanssen 在 1909 年创造的，它来自 de Vries 命名的"pangen（pangene）"，它本身衍生于达尔文创造的单词"pangenesis"

（刘用生，2013）。尽管达尔文的进化论已经被广泛承认，但他花了27～28年时间所创立的泛生论遭到否认。究其原因，一是泛生论所解释的众多现象中的一些现象（诸如嫁接杂交）的真实性一直被怀疑，二是达尔文所假定的“微芽”缺乏实验证据。通过广泛阅读，我们发现达尔文的“微芽”与现代分子生物学中的循环核酸（circulating DNA 和 RNA）之间存在着惊人的相似之处（Liu and Li，2016；刘用生，2013；Liu，2008）。我们相信，对嫁接变异的深入研究，有助于人们重新认识达尔文的泛生论，在遗传学理论研究和进化生物学研究方面有重要意义。

二、嫁接变异在果树遗传研究中的意义

与其他植物相比，果树有着特殊的遗传变异特点。以往在分析这些特点形成的原因时，许多学者忽视了果树主要靠嫁接繁殖这一事实，对嫁接的影响常常是视而不见或避而不谈。嫁接果树种子后代有以下几种表现。

（一）种子后代出现很高比例的野生植株

我国北魏古籍《齐民要术》中提到嫁接梨后代的野生比例高达十之八九，这项观测到今天仍然是可信的（刘用生，2000）。根据多年的果树育种经验，米丘林曾指出，“如果把某一个品种的嫁接果树作为母本，那么，由杂交所生出的实生苗，只有极少量具有杂交亲本品种特性的植株，其余大部分植株（有时高达95%）都是有不良性状的野生种”（Michurin，1949）。有证据表明，来自栽培梨的杂种实生苗其果实的大小和形状超过野生型（Crane and Lewis，1949）。也有报道表明，很多苹果品种产生的后代中，大多数杂种实生苗的果实大小看起来像野生型，并且只有很少比例的杂种实生苗的果实具有令人中意的大小（Brown，1960）。现在大多数园艺家已经意识到杂种实生苗倾向于近似野生的状态是常见的。那么为什么绝大多数采自嫁接的果树品种的种子长出的杂种实生苗具有不良的野生性质？关于产生这一现象的原因，许多学者用返祖现象来解释，但米丘林完成很多研究后论述了这一问题。1916年，他写道：“当我们在一个杂交组合中采用一株由很多品种嫁接而来的树作为母本时，生成的实生苗中只有可以忽略的比率具有亲本的特性，即大多数杂种实生苗是野生型，这根本不是返祖遗传的影响，而几乎完全是由于老龄母本砧木植株极稳定而有力地影响了杂交所产生的极柔弱且在结构上没有稳定的杂种种子，就是说实际上我们所获得的是野生砧木和杂交父本之间的嫁接杂种。换句话说，我们所得到的是野生砧木的嫁接杂种，是仅具有栽培种最微不足道的特征的混合物”。

（二）种子后代经济性状普遍退化

大田作物品种间杂种在产量、果实大小及品质等经济性状方面多介于双亲之

间，或在中亲值上下有一定的浮动。而主要靠嫁接繁殖的果树栽培品种间的杂种平均果重几乎毫无例外地都低于中亲值。景士西等（1995）曾对不同种类果树杂种的经济性状退化现象做过调查，例如，苹果杂种果的平均果重比中亲值下降18%～58%，品质级次下降16%～40%；梨杂种果的平均果重下降33%～51%，品质级次下降30%左右。布尔班克曾在试验农场种植了20万棵来自最好的标准品种的苹果实生苗，只有12株略为突出地表现了优良的品质。目前许多学者认为，根本原因在于营养系品种中非加性效应占有较大比例，有性过程中非加性效应解体，造成经济性状的普遍退化。但Michurin（1949）认为，“根据我的许多试验观察的结果，明确认识到一个事实，就是在杂交工作中用自根营养的植株要比用嫁接的植株好得多。假使以自根营养的植株作为亲本所产生的杂种，和以嫁接在野生砧木上的植株作为亲本所产生的杂种并排地种在一起，只要一看就会马上让人很深刻地感觉到前者的构造要比后者好得多”。

（三）种子后代质量性状的分离较多地偏离孟德尔比率

要在果树中寻找性状分离比符合3∶1或9∶3∶3∶1等的例证非常困难。例如，制罐桃品种通常要求黄肉、不溶质和粘核，这3个性状国内外几乎都认为是隐性性状，但事实并不完全是这样。据庄恩及等（1980）报道，粘核×粘核5个组合中有2个组合出现离核单株，占12%～19%；1985年江苏省农业科学院园艺研究所报道，在13个黄肉的杂交组合中有4个组合出现0.8%～3.7%的白肉株系；1988年中国农业科学院郑州果树研究所报道，不溶质×不溶质组合的杂种中，溶质类型占39.6%；现在一些学者认为，产生上述现象的原因是由于群体内个体间存在不同的多修饰基因复合体（景士西等，1995）。刘用生和李友勇（1997）认为，罐桃同质结合的隐性类型杂交所出现的显性后代，与许多嫁接变异中出现的现象相似。

嫁接变异在揭示嫁接果树的遗传秘密中起了决定性的作用。根据米丘林的研究并结合现代生物科学取得的成就，可以推断砧木中的遗传物质转移并整合到接穗性细胞或早期胚胎细胞的染色体组中，可能是果树遗传背景复杂性的主要原因，这也可能是为什么嫁接果树的遗传不符合孟德尔遗传定律的主要原因。值得注意的是，不像他的追随者，米丘林不否认孟德尔定律的价值。他写道：“我从不否认孟德尔定律的功绩。相反，我仅仅主张对它进行修订和补遗，因为大家心知肚明，他的计算结果不适用于果树栽培种……”（Michurin，1949）。因此，在今后的果树遗传育种工作中，要重视对米丘林理论和实践的重新研究。

三、嫁接嵌合体是行为遗传学和发生遗传学研究的好材料

植物嵌合体给植物遗传学家和生理学家提供了重要的研究材料，而嫁接合成

的嵌合体对研究植物中不同组织的起源提供了一个新的重要用途。最近几十年，合成嫁接嵌合体已经被用于研究亲和性，以及证明了表皮对光的感知和反应起决定性的作用，并评估气孔对光的响应（Tilney-Bassett，1986）。嵌合体嫁接杂种的产生与分析已被用于进一步推断植物发育期间细胞分裂和细胞去向的类型，以及证明高等植物茎尖分生组织中同源细胞的不同细胞谱系的存在（Szymkowiak and Sussex，1996）。

Noguchi 等（1992）对芸薹属蔬菜种间嫁接嵌合体研究表明，嵌合体开花习性和花序类型受三层组织结构控制，但花瓣形状和颜色仅受两层外层组织控制。Szymkowiak 和 Sussex（1992）通过对番茄嫁接嵌合体的研究，认为花组织大小和心皮数目不是由 L_1 和 L_2 决定的，而是由 L_3 决定的。Marcotrigiano（1986）研究认为，烟草嫁接嵌合体的表皮组织对花的形态有很大影响，而且每种组织发生的排列都产生一种独特的花形。与有性杂种相比，嫁接嵌合体的花在形状、大小和颜色上都有较大变化，说明遗传上不同组织形成的嫁接嵌合体是新表型的重要来源。一般认为，性细胞是由 L_2 层细胞衍生的，但 Marcotrigiano 和 Bernatzky（1995）研究认为，花粉和卵细胞有时并非起源于 L_2 层细胞。

第二节　嫁接变异在果树有性杂交育种中的意义

有性杂交至今仍是主要的果树育种途径。过去，由于对嫁接杂交的忽视，未能发挥其对有性杂交育种的指导作用，使得有性杂交育种带有很大的盲目性，育种效率很低，对此我们必须予以高度重视。

一、对杂交亲本选择的指导作用

果树主要靠嫁接繁殖。嫁接杂交在涉及果树育种与有性杂交结合的情况下，对指导亲本选择具有重要作用。在长期的果树育种实践中，米丘林第一个注意到，作为接穗的成年栽培品种，很少因野生砧木的影响而发生变异，但是在接穗果实中形成的种子，却强烈地倾向于野生砧木的特性；而所有未嫁接的果树，它们有自己的根，与那些嫁接在野生砧木上的植株相比较，杂交后产生更多的品质优良的栽培种。这清楚地表明，植物的根系积极参与种子的形成。基于这些发现，Michurin（1949）告诫育种者，在果树有性杂交育种中，一定要注意杂交亲本的选择。“母本植株必须尽量培植自生根幼树，这种树产生的优良品质的实生苗，比嫁接树所能产生的要多 4 倍”。当然，果树主要靠嫁接繁殖，要寻找自生根的植株是不容易的。米丘林采用培养自生根母本植株的办法是：事先将嫁接品种的接穗嫁接在挖开土的砧木上，随后将接穗埋入结合部位之下约 9cm 的土中，以便诱发结合部位以上的部分生根。经过2～3年时间，待幼树形成自己的根系后，再把它移植，同时把野生砧木的根截断。现在看来，这种方法较为费事，我们可以采用组织培养方法来培育作为杂交亲本的自根苗。

二、对杂种实生苗提早结果的指导作用

对嫁接变异机理的更深理解能纠正一些植物育种者采用的错误措施。因为果树童期时间长，如何使杂种实生苗提早结果，缩短育种周期，一直是育种工作者所关注的问题。布尔班克积极倡导采用高接法来使实生苗提早结果（Burbank，1914）。他曾在一棵大苹果树上嫁接了526个杂种实生苗接穗，认为这不仅能使果树育种所需的时间比不用高接法所需时间节省一半有余，同时还能节约大量土地。目前在果树杂交育种实践中，为了节省时间，很多育种工作者习惯于把年幼的杂种实生苗嫁接到结果树的大枝上，高接法已成为促进杂种实生苗提早结果的一个常规措施。

米丘林也曾应用过高接法来促进杂种实生苗提早结果，但后来发现虽然这种方法能有效地缩短童期，但这样做往往导致不良后果，即由此培育的品种，其品质会变劣（Michurin，1949）。经过仔细的研究，米丘林认为“幼龄品种的品质恶化应当归咎于上面接有成年栽培品种的野生砧木，即已经成年的果树砧木，通过以前嫁接的栽培品种中很大的中间部分，对新嫁接在树冠上的尚未形成本身稳定性的幼龄品种产生了影响。这样，老龄树冠上的那些杂种实生苗接穗，将不再是从种子培育出的那个品种，而是砧木和接穗之间的嫁接杂种了”。因此，米丘林多次提醒果树育种工作者不要将幼龄杂种实生苗的接穗高接在具有野生砧木的成年栽培品种树冠上。为了解决这一问题，Michurin（1949）提出一个新的方法：把优良品种嫁接到杂种实生苗顶部下层的枝条上，不要远离树干——这种杂种实生苗将受蒙导者的影响，在未来两年内结果。在杂种实生苗开花结果之后，蒙导接穗必须被剪掉，否则蒙导品种也可能影响杂种实生苗的性状。用这种方法能缩短育种周期，还能避免水果品质的降低。

笔者认为米丘林的建议和方法是正确的。因此，在今后的果树杂交育种实践中，不宜再采用高接法来提早结果，否则将导致“欲速则不达”的后果。

三、克服远缘杂交不亲和性

种内杂交一般都比较容易成功，但属间的远缘杂交，尤其是属以上的杂交，由于亲缘关系较远，存在各种生殖隔离机理，杂交不能正常结实。在远缘物种杂交方面，找到克服杂交不亲和性的途径和方法是很有必要的。

米丘林在果树杂交育种上卓有建树，不但进行种间杂交，而且进行分类学上远缘种的属间杂交。他提出，在进行远缘杂交前，预先将亲本互相嫁接在一起，而后再进行有性杂交，则较容易取得成功。这就是把嫁接杂交和有性杂交巧妙结合起来应用于育种的方法——“预先无性接近”法，已经被广泛应用于果树和一年生植物，因此培育了很多有价值的果树品种、无核小水果、观赏植物及其他植物。例如，为了获得梨和花楸的远缘杂种，首先将普遍花楸与黑花楸进行杂交以获得具有动摇遗传性的花楸杂种实生苗，然后再将此杂种实生苗嫁接到成年梨的树冠上，待花楸开花时再授以梨的花粉，结果得到了梨与花楸的杂种。

众所周知，小麦和黑麦很难杂交。Hall（1954）发现只有 2%～3%经黑麦授粉的小麦花产生种子。但是由小麦胚嫁接到黑麦胚乳上的植株产生的 2897 簇小麦花，经黑麦授粉后，400 簇小麦花（14%）结种子。可靠的统计已经表明，如果用于杂交的小麦来源于其胚胎嫁接在黑麦胚乳上的植株，在小麦和黑麦之间的可交配性将能增加。

第三节　嫁接变异——一种简单实用的育种方法

在植物改良领域，相对于体外转化、突变形成、体细胞杂交和组织培养中的再生，嫁接变异可以提供比较简单的供选方案。目前，基因工程技术能为被一个或少数几个基因控制的质量性状提供令人激动的遗传操作，在能预知的未来，嫁接变异可为转移被多个基因控制的数量性状提供新的解决方法，而且植物的很多重要经济性状都属于后一种类型（Pandey，1985）。重要的是，嫁接变异能单独或者与质量性状相结合而影响数量性状。此外，嫁接变异技术不仅可减少用于产生特定新品种的时间，而且通过减少连锁关系，可允许远缘物种优异基因单独地选择性转移（刘用生等，2004；刘用生，2000；Pandey，1976）。

一、通过嫁接变异培育丰富多彩的嫁接嵌合体

嫁接嵌合体在生产上具有很大的利用价值，它集砧木和接穗双方于一体，往往产生砧穗双方互补的性状。由于两种嫁接成分不同的组织排列能产生多种多样的表现型，可望培育出外皮抗病虫或色泽鲜艳，而内部营养丰富或味美质优的优良品种。很多重要的园艺品种是嵌合体嫁接杂种，尤其是周缘嵌合体，能进行无性繁殖（Burge et al.，2002），表明合成嵌合体为植物育种提供了一种新的途径。在这方面，Clayberg（1975）将一种能抗白蝇和蚜虫的茄子与一种易受前两种害虫危害的番茄嫁接，获得了表皮为茄子、果心为番茄的周缘嵌合体，该嫁接嵌合体虽不抗蚜虫，但对白蝇有很强的抗性；Ohtsu（1994）提出引入抗病性品种组织

到第二和第三胚层，高品质品种的组织到第一层，将创造对溃疡和柑橘速衰纺锤病毒具有抗病性的嵌合体植株，它能保持产生具有优异性状的高品质水果。

果树中以柑橘出现的嫁接嵌合体最多，如‘怪异橙’‘枸合橘’‘Kinkoji 蜜柑’‘Kobayashi 蜜柑’‘改良橙’‘枳合芦’等（表 4-1），其次是山楂，如‘达达山楂’‘阿斯涅纳山楂’‘波茨德迷山楂’，另有‘达尼梨’等其他果树嫁接嵌合体；林木中以杨树的嫁接嵌合体最多，如‘毛健杨’、毛白杨嵌合体、‘西 + 加杨’等；观赏植物中的嫁接嵌合体有‘亚当金雀花’、山茶花嵌合体和仙人掌科‘龙凤牡丹’等；此外，蔬菜作物中已报道的茄科属间嫁接嵌合体有 6 个（吴洪明等，2004；刘用生和李秀菊，2000）。

表 4-1　部分柑橘嫁接嵌合体品种

嫁接嵌合体名称	砧木	接穗	报道者
怪异橙	枸橼	酸橙	Nati（1674）；Tanaka（1927）
枸合橘	枸头橘	早橘	浙江农业大学园艺系（1975）
Kinkoji 蜜柑	金柑子	温州蜜柑	Tanaka（1977）
Kobayashi 蜜柑	日本夏橙	温州蜜柑	Tanaka（1977）
改良橙	红橘	甜橙	吕柳新（1982）
枳合芦	枳	芦柑	吴洪明（1992）
早蜜橙	南丰蜜橘	新会甜橙	胡桂兵和蔡明段（1996）
FN-1	甜橙 Fukuhara	日本夏橙 Natsudaidai	Ohtsu（1994）
NF-3	日本夏橙 Natsudaidai	甜橙 Fukuhara	Ohtsu（1994）
澧州红	橘	脐橙	李华容等（2004）
早红脐橙	温州蜜柑	罗伯逊脐橙	张敏（2006）
红肉桃叶橙	温州蜜柑	桃叶橙	张敏（2006）

二、通过嫁接变异培育类似转基因植物的嫁接蒙导杂种

米丘林曾指出，采用嫁接蒙导法，“可以使幼龄杂种苗木的性状和品质按照育种者的愿望而得到部分的改变，即定向地去教养苗木，使它们的好品质得以提高并固定起来，而它们的那些向坏的方面发展的倾向及许多不良的品质可以被抑制住，甚至完全消失”。例如，采用嫁接蒙导法可以“增加产量及果实的大小，使果实具有生动的色泽和良好的冬季贮藏品质，提高果肉内糖的含量，以及使果树更能抗寒等”。米丘林也曾提醒果树育种工作者要注意嫁接蒙导法的应用范围，认为嫁接蒙导法“仅在自根营养的而且是道地的杂种幼龄苗木上才有效，而不能应用于曾经嫁接在野生砧木上的或久经栽培的老龄品种上”。

采用嫁接蒙导法培育的嫁接蒙导杂种实际上是一种特殊类型的转基因植物，

它是将砧木（或接穗）中有限的遗传物质导入接穗（或砧木）中，在某些方面比通过原生质体融合获得的体细胞杂种和利用基因工程获得的转基因植物更为有益。因为通过原生质体融合把双亲的全部基因结合在一起并不是必要的，更多情况下则是有害的，如柑橘体细胞杂种的果实一般表现为果皮粗、厚、种子多、汁液少，直接作为接穗品种显然是不现实的，只能作为砧木或用作杂交亲本。采用基因工程导入的基因目前基本上都是单基因，而植物的许多重要经济性状都是由多基因控制的，难以解决育种的主流问题。而且转入的基因多是原核生物的或人工合成的，这些基因在真核生物基因组中不稳定，容易被淘汰。此外，某些转基因植物还存在安全性的潜在危险，如某些转基因作物会引起人体食物过敏，而嫁接蒙导杂种一般不存在上述问题。

蒙导嫁接方法论已经被证明能对植物育种提供有力的方法。通过应用这种方法，米丘林采用嫁接蒙导法曾培育出了‘梨苹果’等10多个果树品种（Michurin，1949）；苏联的其他育种工作者也培育了很多优质高产的水果、农作物和蔬菜新品种（Glushchenko，1962；Morton，1951）；日本研究人员也培育出了许多番茄和辣椒新品种，并且证明了那些通过嫁接诱导产生的新特性是稳定的性状，并且能被用作新的遗传资源材料。这些研究者又通过运用嫁接诱导变异体株系创造了 5 个新的变异系和一些亚系及其他两个品种（Taller et al.，1999）。另外，在中国，很多新的作物品种通过嫁接手段产生，如‘国帅’苹果、蓖麻棉和薯绿豆等品种（刘用生等，2004；Zhang et al.，2002），洪忠治（1992）采用嫁接蒙导法培育出了许多山茶花新品系，范盛尧（1999）和刘用生（2013）分别获得了郁李和杏、‘紫叶’李与‘玉皇’李的嫁接杂种。

三、嫁接变异育种方法的优越性和局限性

任何一种技术都不是万能和尽善尽美的。和其他育种方法一样，嫁接变异也有其优越性和局限性。

（一）嫁接变异育种方法的优越性

1. 方法简单

嫁接变异是最简单的育种方法，不需要巨额投资和高级的仪器设备，一把嫁接刀和修枝剪足矣。这便于广泛开展群众性的育种工作。

2. 范围广

由于不同属间、种间的嫁接亲和力要比有性杂交高，因此，许多采用有性杂交不能成功的组合，采用嫁接变异一般容易成功。这在远缘杂交育种中具有特别

重要的意义。

3. 便于开展工作

有性杂交和“授粉后外源 DNA 导入植物技术”只能在短暂的花期进行，而嫁接变异可在一年的大部分时间进行，温室和离体培养条件下还可周年进行。

（二）嫁接变异育种方法的局限性

1. 诱导嫁接嵌合体方法的局限性

首先，有些植物如柑橘、杨树、山茶花等容易在自然或人工创伤处产生大量新梢，因此，从这些植物中容易诱发嫁接嵌合体，而有些植物采用一般方法还难以产生嫁接嵌合体。其次，在各种类型的嫁接嵌合体中，只有周缘嵌合体能在无性繁殖条件下保持稳定。最后，嫁接嵌合体的诱导频率一般较低。

2. 嫁接蒙导法的局限性

由于嫁接蒙导法的机理主要是将蒙导者中的遗传物质转移并整合到被蒙导者中，这与“授粉后外源 DNA 导入植物技术”一样，具有较大的随机性，不如基因工程采用目的基因那样目的明确，也不如有性杂交出现的变异率高。

综上所述，嫁接变异技术在植物遗传育种上具有重要的理论和实践意义。笔者认为，采用嫁接变异技术，不仅能培育出丰富多彩的植物嫁接嵌合体，还能创造出类似转基因植物的嫁接蒙导杂种，方法简单实用。更为重要的是，嫁接变异对于进一步揭示果树等靠嫁接繁殖植物的遗传规律和指导这些植物的有性杂交育种工作具有重要的作用，值得进一步研究。

参考文献

达尔文. 2014. 动物和植物在家养下的变异. 叶笃庄, 方宗熙译. 北京: 北京大学出版社.

范盛尧. 1999. 接穗郁李影响杏砧变异的实验. 遗传, 21(4): 43-44.

方宗熙. 1961-4-14. 克服片面观点 建立新遗传学. 文汇报, 第 3 版.

洪忠治. 1992. 嫁接山茶花花色变异初试. 中国花卉盆景, (9): 10-11.

胡桂兵, 蔡明段. 1996.“早蜜橙”的来源，结构及其果实性状的研究. 华南农业大学学报, 17(3): 85-91.

景士西, 吴录平, 李宝江. 1995. 果树遗传变异的特点初探. 遗传, 17(1): 40-44.

李华容, 李文模, 邓香兰. 2004. 柑桔嫁接嵌合体——澧州红脐橙. 福建果树, (2): 34.

刘用生. 2000. 中国古代植物嫁接杂交的记载//周肇基, 倪根金. 农业历史论集. 南昌: 江西人民出版社: 308-317.

刘用生. 2013. 重提达尔文的遗传学说—— 泛生论. 遗传, 35(5): 680-684.

刘用生, 李保印, 李桂荣, 等. 2004. 嫁接杂交与果树遗传的特殊性. 遗传, 26(5): 705-710.

刘用生, 李秀菊. 2000. 植物嫁接杂交研究进展//中国园艺学会. 中国园艺学会第四届青年学术讨论会论文集. 泰安: 25-32.

刘用生, 李友勇. 1997. 嫁接引起果树有性后代产生异常变异原因初探. 河南职技师院学报, 25(2): 41-43.

吕柳新. 1982. "改良橙" 变异性状的遗传动态及其嵌合体结构的研究. 福建农学院学报, (3): 5.

吴洪明. 1992. 一个新发现的柑桔嵌合体——枳合芦. 福建果树, (4): 51.

吴洪明, 林宝明, 赖钟雄, 等. 2004. 一个芸香科属间嫁接嵌合体的拉丁名称. 热带亚热带植物学报, 12(2): 177-181.

谢平. 2014. 生命的起源——进化理论之扬弃与革新. 北京: 科学出版社.

张敏. 2006. 柑橘果实扇形嵌合体的分离及两组嫁接嵌合体的遗传研究. 武汉: 华中农业大学博士学位论文.

赵智勇, 职明星, 刘用生, 等. 2013. 植物嫁接杂交研究新进展. 生物学通报, 48(3): 4-6.

浙江农业大学园艺系. 1975. "构合桔" 的调查初报. 遗传学报, 2(3): 211-215.

庄恩及, 吴钰良, 蔡奚平, 等. 1980. 白花桃若干性状的遗传研究. 园艺学报, 7(2): 1-10.

Brown A G. 1960. The inheritance of shape, size and season of ripening in progenies of the cultivated apple. Euphytica, 9(3): 327-337.

Burbank L. 1914. His Methods and Discoveries and Their Practical Application. New York: Luther Burbank Press.

Burge G K, Morgan E R, Seelye J F. 2002. Opportunities for synthetic plant chimeral breeding: past and future. Plant Cell, Tissue Organ Culture, 70(1): 13-21.

Clayberg C D. 1975. Insect resistance in a graft-induced periclinal chimera of tomato [*Trialeurodes vaporariorum*, *Macrosiphum euphorbiae*]. Hortscience, 10: 13-14.

Crane M B, Lewis D. 1949. Genetical studies in pears. Vegetative and fruit characters. Heredity, 3: 85-97.

Darovskikh A. 2017. The power of semen: Aristotle and some Galen's fallacies. Философское антиковедение и классическая традиция, 11(1): 95-116.

Doncaster L. 1912. Heredity in the Light of Recent Research. Cambridge: Cambridge University Press.

Glushchenko I E. 1962. Vegetative hybridization and its importance for plant breeding. Trudy Inst Genetiki(Proc Inst Genetics), 29: 40-66.

Hall O L. 1954. Hybridization of wheat and rye after embryo transplantation. Hereditas, 40: 453-458.

Liu Y S. 2005. Darwin and Mendel: who was the pioneer of genetics? Riv Biol/Biol Forum, 98(2): 305-322.

Liu Y S. 2008. A new perspective on Darwin's Pangenesis. Biological Reviews of the Cambridge Philosophical Society, 83(2): 141-149.

Liu Y S, Li X J. 2016. Darwin's Pangenesis as a molecular theory of inherited diseases. Gene, 582(1): 19-22.

Marcotrigiano M. 1986. Experimentally synthesized plant chimeras 3. Qualitative and quantitative characteristics of the flowers of interspecific *Nicotiana* chimeras. Annals of Botany, 57(3): 435-442.

Marcotrigiano M, Bernatzky R. 1995. Arrangement of cell layers in the shoot apical meristem of periclinal chimeras influences cell fate. Plant Journal, 7(2): 193-202.

Michurin I V. 1949. Selected Works. Moscow: Foreign Languages Publishing House.

Morton A G. 1951. Soviet Genetics. London: Lawrence and Wishart.
Nati P. 1674. Florentina phytologica observatio de malo limonia citrata-aurantia Florentiae vulgo la bizzarria. Florentiae.
Noguchi T, Hirata Y, Yagishita N. 1992. Intervarietal and interspecific chimera formation by *in vitro* graft-culture method in *Brassica*. Theoretical and Applied Genetics, 83(6): 727-732.
Ohtsu Y. 1994. Efficient production of a synthetic periclinal chimera of *Citrus* 'NF-5' for introduction of disease resistance. Annals of the Phytopathological Society of Japan, 60(1): 83-88.
Pandey K K. 1976. Genetic transformation and "graft-hybridization" in flowering plants. Theoretical and Applied Genetics, 47(6): 299-302.
Pandey K K. 1985. Gene movement and genetic manipulation//Freeling M. Plant Genetics. New York: Alan R. Liss, Inc.: 235-249.
Szymkowiak E J, Sussex I M. 1992. The internal meristem layer(L3)determines floral meristem size and carpel number in tomato periclinal chimeras. The Plant Cell, 4(9): 1089-1100.
Szymkowiak E J, Sussex I M. 1996. What chimeras can tell us about plant development. Annual Review of Plant Physiology & Plant Molecular Biology, 47(47): 351-376.
Taller J, Yagishita N, Hirata Y. 1999. Graft-induced variants as a source of novel characteristics in the breeding of pepper(*Capsicum annuum* L.). Euphytica, 108(2): 73-78.
Tanaka T. 1927. Bizzarria—A clear case of periclinal chimera. Journal of Genetics, 18(1): 77-85.
Tanaka T. 1977. Fundamental discussion of *Citrus* classification. Studia Citrologia, 14: 1-6.
Tilney-Bassett R A E. 1986. Plant Chimeras. London: Edeard Arnold.
Zhang D H, Meng Z H, Xiao W M, et al. 2002. Graft-induced inheritable variation in mungbean and its application in mungbean breeding. Acta Batanica, 44(7): 832-837.

第五章　诱导植物变异的嫁接方法

第一节　培育嫁接嵌合体的方法

嫁接嵌合体（嫁接杂种）多是由嫁接部位愈伤组织产生的不定芽自然形成的，发生概率很低，采用以下方法可以提高嫁接嵌合体（嫁接杂种）的诱导频率。

一、人工剪截法

据考证，温克勒是第一个报道通过人工方法合成嵌合体的人（Winkler，1907）。由于他发明的这种获得嫁接杂种的方法需要嫁接结合部被剪截之后嫩枝的再生，因此我们称这种人工合成嵌合体的方法为人工剪截法。1907 年，他把番茄（*Lycopersicon esculentum*）和龙葵（*Solanum nigrum*）相互作为砧木和接穗用几种方法进行嫁接。愈合之后，从愈伤处把接穗剪除，使其产生愈伤组织和不定芽。暴露的表面很快被部分来自番茄和部分来自龙葵的愈伤组织覆盖。从这些愈伤组织冒出的不定芽发育成的嫩枝来看，绝大多数与纯种番茄或纯种龙葵相似，而极少数具有砧木和接穗结合在一起的性状，这便是种间嫁接嵌合体（图 5-1）。

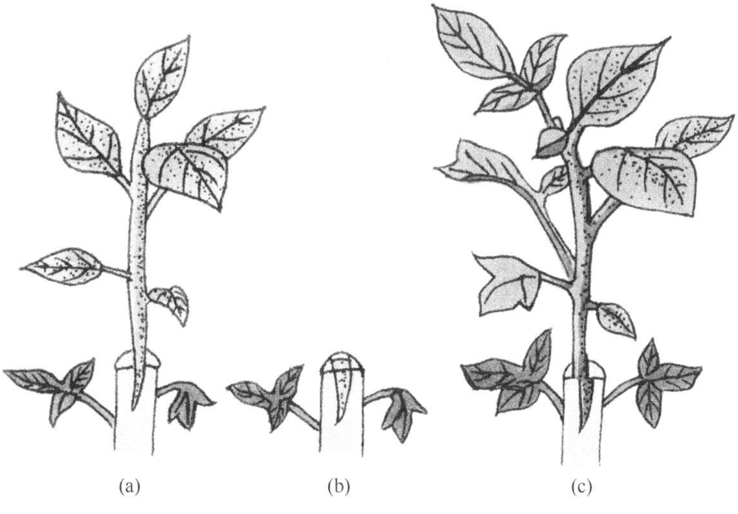

图 5-1　温克勒诱发嫁接嵌合体的方法示意图（修改自 Liu，2006）（彩图请扫封底二维码）

（a）龙葵接穗嫁接到番茄砧木上；（b）愈合之后，沿结合处横切；（c）扇形嵌合体芽从结合处产生

初期的种间嫁接嵌合体通常是扇形的，新的嫩枝起源于两类细胞双方，但是其中的一些发展为稳定的种间周缘嵌合体——其中一种植物的轴心被另外一种植物的表皮包围（Burge et al.，2002；Neilson-Jones，1969；Weiss，1930）。

后来德国科学家克伦克等（Krenke et al.，1933）又设计了一种更有效的诱发嫁接嵌合体的方法，即在一个砧木切面上，先行劈接，接活后在结合处剪断，再和第一次劈口垂直作十字形嫁接，然后再在结合处剪除接穗，在横断面上，可以有 3 种植株组织，这样诱发嫁接嵌合体的可能性更大些（图 5-2）。

(a) (b)

图 5-2 克伦克等诱发嫁接嵌合体的方法示意图（修改自 Krenke et al.，1933）
（彩图请扫封底二维码）
（a）劈接成活后，切除接穗，再在切口劈接；（b）3 株植物嫁接后的横断面，可得 2 个或 3 个成分的嵌合体

二、离体嫁接培养法

利用人工剪截法合成的嫁接嵌合体，由于嫁接体（graft union）要有一个再生过程，这项技术在一些物种上的应用受到限制。Hirata 和 Noguchi 等在温克勒方法的基础上经过改进创立的离体靠接法（*in vitro* approach-grafting）可以避免这一困难，该方法在十字花科、茄科作物上已获得成功（Hirata et al.，2000；Noguchi et al.，1992）。

张冬生（1983）首先试验了一种将嫁接技术与组织培养方法相结合来获得嫁接杂种的简易方法，即将不同品种烟草茎段在无菌操作条件下进行嫁接，然后接种到 MS 固体培养基上黑暗培养，7 天后嫁接茎段完全愈合时，将嫁接茎具有两种组织的区段切成 1～2mm 厚的嵌合茎段薄片，接种于装有 25mm 固体培养基的 125ml 三角瓶内，每瓶接种 2～3 块，置于 25℃的黑暗条件下培养 10 天，后转入每天 16h 光照条件下培养，每两周移换一次新鲜培养基。当愈伤组织分化出苗后，去掉从砧木或接穗组织长出的苗，保留嫁接愈合处形成的小苗。待苗长到 3cm 时，移入生根培养基进一步培养。当生根小植株长到 5cm 高时移栽于花盆中，进一步观察、鉴定其性状表现。

日本的 Noguchi 等（1992）在前人研究的基础上研究出一种诱导效率更高的方法，其方法步骤如下。

1. 幼苗的准备

把用作砧木和接穗的种子消毒，然后接种到 1/2 MS+IBA 0.2mg/L+BA 2mg/L+1%蔗糖的培养基中培养。

2. 嫁接和培养

取出苗龄为 7 天的砧木和接穗幼苗，各去掉一片子叶后，在无菌条件下相互靠接在一起，用外科纤维捆绑。把嫁接幼苗插入到一个小玻璃管（直径为 3mm，高度为 15mm）内用作支撑，然后将其置入 MS+IBA 0.2mg/L+BA 2mg/L+3%蔗糖的培养基中培养。培养试管口部用聚四氟乙烯膜封好。培养室温度 22℃，光照强度 4000lx，每天光照 16h。

3. 嫁接部位和嵌合组织的继代培养

在上述培养基中培养 2 周后，将顶部直接生长的嵌合叶片、嫁接部位的横切片和留在小玻璃管内的下胚轴结合部分转移到 MS+IBA 0.2mg/L+BA 2mg/L+3%蔗糖的培养基中进行继代培养。嵌合组织每 3～4 周继代培养一次。在培养过程中，把疑似嵌合体的再生新梢转移到 1/2 MS+3%蔗糖的培养基中进行生根培养。经过适应性锻炼后，将嵌合体植株移栽到温室的土盆内（图 5-3）。

浙江大学陈利萍等（2006）以异源四倍体榨菜（*Brassica juncea*）和二倍体紫甘蓝（*Brassica oleracea*）为试验材料，利用茎尖离体嫁接技术获得了稳定的种间周缘型嵌合体，嵌合体的有性后代与无性回交后代呈现出与亲本不同的性状（图 5-4），并且变异性状可遗传。围绕榨菜和甘蓝嫁接嵌合体，自 2007 年起，陈利萍所带领的团队连续获得了 4 项国家自然科学基金项目的资助，并对其开展了一系列的植物学、细胞学、生理学、遗传学和分子生物学研究（Li et al.，2013；Wang et al.，2011；Zhu et al.，2010，2007；朱雪云等，2010），内容涉及榨菜和甘蓝嫁接嵌合体的细胞间相互作用、榨菜和紫甘蓝茎尖嫁接诱导的表观遗传变异分子调控机理、异源 sRNA 调控芸薹属蔬菜遗传变异发生的分子机理和芸薹属蔬菜嫁接获得的变异性状遗传规律及其分子机理。

自然界中，异源多倍化（allopolyploidy）现象在野生植物和农作物（如小麦、油菜和棉花）中都很常见。人们普遍认为，异源多倍化依赖于有性杂交和基因组

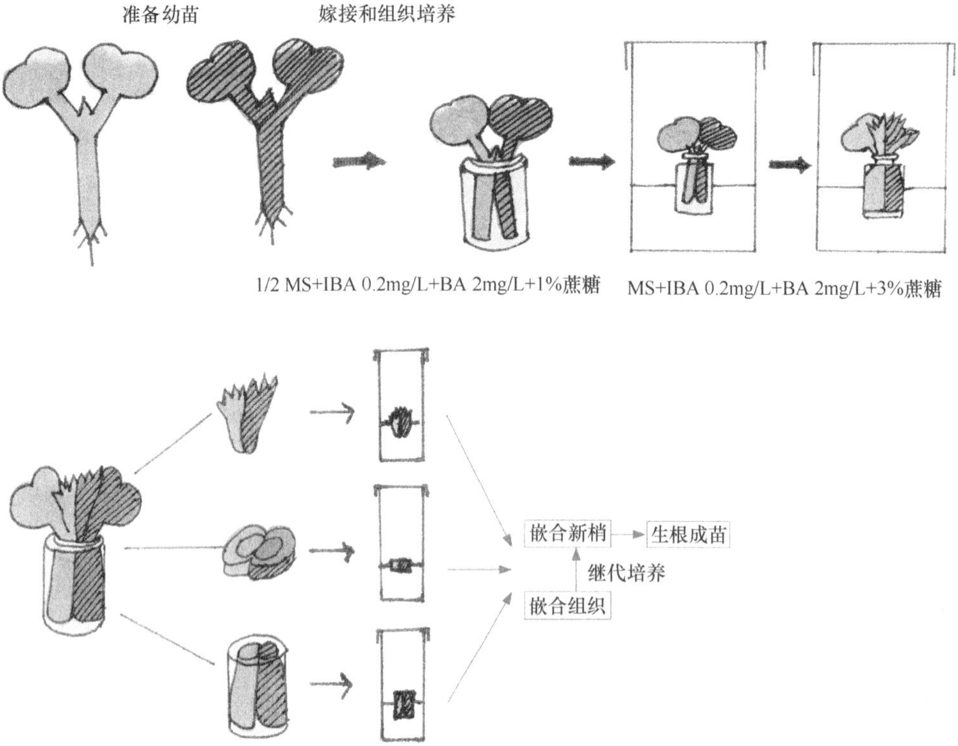

图 5-3　离体嫁接培养法（修改自 Noguchi et al.，1992）（彩图请扫封底二维码）

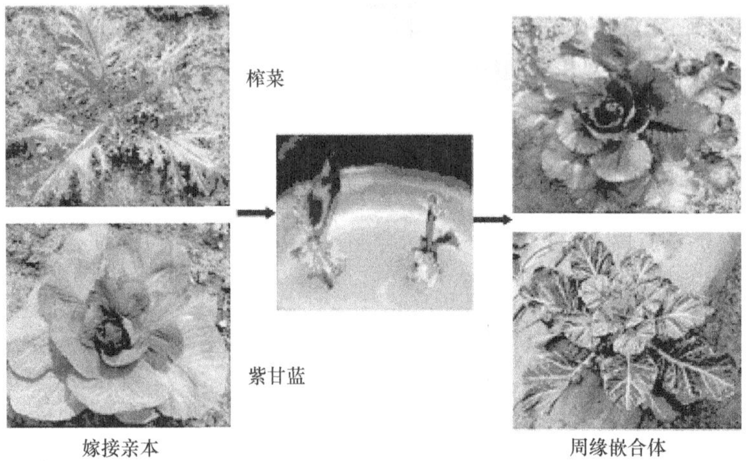

图 5-4　榨菜和紫甘蓝离体嫁接培养出周缘嵌合体（引自浙江大学陈利萍课题组）（彩图请扫封底二维码）

加倍。2014 年，德国马普植物分子生理研究所的 Ralph Bock 领导的研究团队，在国际著名刊物 *Nature* 上首次展示了一种无性的异源多倍化途径，并由此得到了新的植物品种（Fuentes et al.，2014）。Bock 的研究团队使用的是嫁接法。两种嫁接植物之间并不存在遗传物质的重组，而是采用了一种被称为水平基因转移的策略（Kim and Pai，2009），这样做是因为他们之前的研究证明嫁接植物的接触区域存在着叶绿体基因（Stegemann and Bock，2009）甚至整个叶绿体基因组（Stegemann et al.，2012）或整个线粒体基因组（Gurdon et al.，2016）的水平转移。

那么，嫁接过程是否涉及了细胞核遗传信息的转移呢？研究人员将不同的抗生素抗性基因分别引入两种烟草（普通烟草 *Nicotiana tabacum* 和粉蓝烟草 *Nicotiana glauca*）的细胞核基因组，然后将两种烟草相互嫁接。在融合发生之后，研究人员切下两种烟草的接触区域，将其放到含有两种抗生素的培养基中（图 5-5），只有携带两种抗性基因的细胞才能够生存。令人惊讶的是，培养基中长出了许多双重抗性的幼苗。

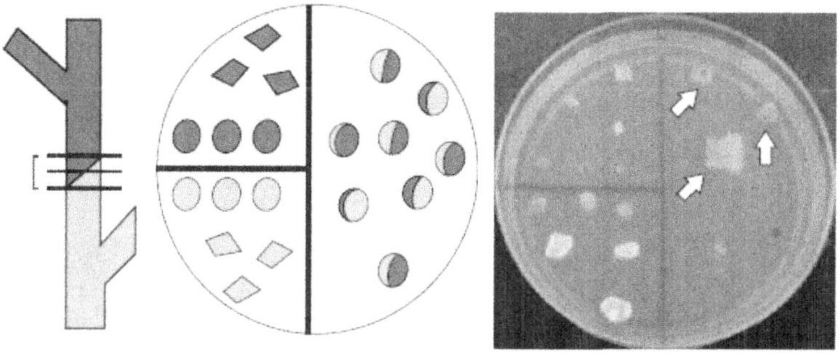

图 5-5　离体培养嫁接杂种的方法示意图（引自 Fuentes et al.，2014）（彩图请扫封底二维码）

这种双重抗性是来自单个基因的转移，还是整个基因组的转移呢？研究人员对双重抗性植物进行了染色体计数。粉蓝烟草含有 24 条染色体，普通烟草含有 48 条染色体，而在双重抗性植物中发现了 72 条染色体。因此，他们通过无性途径得到了新的异源多倍体植物。研究人员将这种新植物放到温室中进行培养，它们很明显结合了两种亲本的特征，而且这种新植物比亲本生长快得多，这是许多异源多倍体的特性。继续研究表明，这种新植物能够持续有性繁殖下去，可将其视为一个新的物种，并命名为 *Nicotiana tabauca*。该研究指出，在水平基因组转移的基础上进行嫁接和筛选，可以帮人们创造出更高产、更优良的新作物。

三、化学诱导法

化学诱导法是指应用化学试剂诱导嫁接部位产生嫁接嵌合体或突变而形成嫁接杂种的一种方法。日本的 Wakana 等（2005）及 Oiyama 和 Okudai（1986）应用嫁接技术并同秋水仙碱处理相结合，人工产生了单胚二倍体柑橘品种的同源四倍体植株。王柏龄等（2000）用秋水仙碱处理茶树腋芽接穗，再用多重嫁接蒙导接穗，形成了似砧型的茶树新品种。

日本的 Ohtsu（1994）尝试用生长调节剂处理来诱导嫁接嵌合体，其诱导频率比一般方法高 40 倍左右，具体步骤如下（图 5-6）：将两个柑橘品种的珠心胚播种在实验室中进行暗培养，待幼苗长至 7～9cm 高时，在下胚轴处进行靠接，并在光照条件下培养 10 天左右，此时嫁接部位已充分愈合。然后从嫁接部位将嫁接的一方水平切断，而将另一方与垂直方向成 60°角斜切，立即用生长调节剂混合液（50μmol/L GA_3+1μmol/L 6-BA+1μmol/L NAA）处理切面。15min 后，用石蜡软片将切面盖住。在萌发的新梢中，生长极其缓慢的最有可能是嫁接嵌合体。

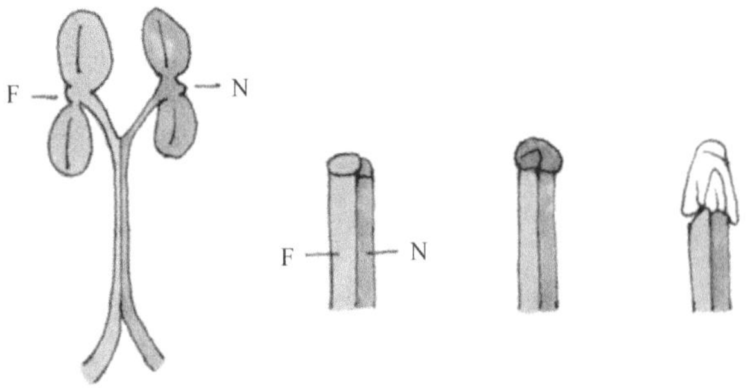

图 5-6 生长调节剂处理法诱发嫁接嵌合体（修改自 Ohtsu，1994）（彩图请扫封底二维码）
F、N 是指用来嫁接的两个不同品种。（a）幼苗在下胚轴处靠接；（b）嫁接一方在嫁接部位水平切断，另一方在嫁接部位与垂直方向成 60°角斜切；（c）用生长调节剂混合液处理切口；（d）用石蜡软片覆盖切口

第二节 培育嫁接蒙导杂种的方法

嫁接蒙导法是由著名科学家米丘林首创的。它是指幼龄植物在老龄植物的影响（或蒙导）下，其遗传性发生相应改变的过程。具体又分以下两种情况。

一、接穗作蒙导者、砧木作被蒙导者的嫁接蒙导法

这是米丘林（1955）为了促进幼龄杂种实生苗提早结果而采用的方法。米丘林曾描述到，“方法是这样的：假定我们有一个发育良好的六年生或七年生的杂种实生苗还没有结果，而我们知道，如果不用一种强迫的方法，我们将会再等上十来年，它才能第一次结果……我们从一个丰产品种的结果树上取三四个枝条，把它们用合接方法嫁接在距主干很近的树冠的下部分枝上，那么这株实生苗将在嫁接于其上的蒙导者的影响下，在此后两年内就开始结果。等到结果以后，必须把这些蒙导者的枝条去掉，否则，这个蒙导者的特性将会影响杂种实生苗的果实品

质，而且继续数年之后，由这种影响所发生的变异将会牢牢地固定在杂种实生苗之内……”[图 5-7（b）]。

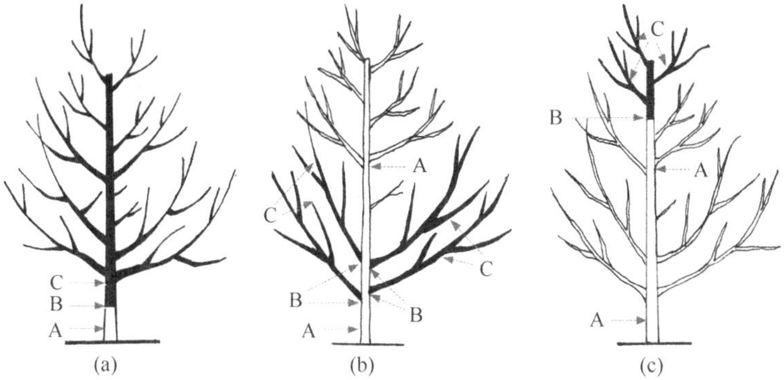

图 5-7　嫁接蒙导法示意图

A. 砧木；B. 嫁接部位；C. 接穗

（a）嫁接繁殖；（b）接穗作蒙导者、砧木作被蒙导者的嫁接蒙导法；（c）砧木作蒙导者、接穗作被蒙导者的嫁接蒙导法

我们从米丘林的论述中可知以下几点：第一，作为蒙导者的接穗必须取自成年栽培品种的结果树；第二，作为被蒙导者的砧木必须是幼龄的、尚未结过果实的杂种实生苗；第三，作为蒙导者的接穗能使作为被蒙导者的砧木提早开花结果；第四，嫁接多年后，作为蒙导者的接穗能将其遗传特性传递给作为被蒙导者的砧木，使砧木的遗传性状发生相应的改变。

米丘林的论述无疑是正确的。下面是一个非常有说服力的例证：陕西省咸阳市渭城中学范盛尧先生于 1965 年 7 月从成年郁李树上采取接芽，嫁接到一年生杏实生苗砧木上。1966 年春季剪除杏砧的头部，让郁李接芽萌发生长。嫁接后分别于 1967 年 6 月和 1971 年 7 月从杏砧上蘖生出杏的枝条，但叶小色黄，以后不断被剪除掉。在 1980 年 3 月对杏砧进行断根处理，蘖生出新的植株，其枝叶性状和开花习性酷似接穗郁李，而与砧木杏不同（范盛尧，1999）。在这个试验中，接穗郁李作为蒙导者，砧木杏作为被蒙导者。作为被蒙导者的杏砧木是一年生实生苗，在阶段发育上是幼龄的；作为蒙导者的郁李接穗，是从已经开花多年的成年郁李树上采下的，它在发育阶段上是老龄的。嫁接后第 15 年（即 1980 年），从杏砧木上蘖生出酷似郁李的植株，说明作为蒙导者的郁李已将其遗传性状传递到作为被蒙导者的杏砧木中了。

二、接穗作被蒙导者、砧木作蒙导者的嫁接蒙导法

如果砧木作为蒙导者，接穗作为被蒙导者，为了促进接穗发生变异，米丘林

(1955)认为,"第一,接穗必须在植物最早的生活阶段(在种子发芽后的15～20天)取下;第二,砧木必须是比较老龄的(最好是用长期结果的果树的萌蘖枝);第三,在接穗所发育的新梢旁边,必须有大量的砧木新梢生长,以使砧木的根系和叶片共同影响接穗(使接穗发生更大的变异),同时还要减少接穗的叶片数量。只有具备这些条件,才能获得良好的结果"。

许多成功的试验都是遵循米丘林的上述嫁接蒙导法则进行的。例如,苏联的格鲁森科在应用嫁接蒙导法进行番茄嫁接变异试验时,接穗常选用萌发后24h的嫩芽,而砧木选用生长30天(具7～10片叶)的植株,嫁接后不断摘除接穗上的叶片[图5-7(c)和图5-8]。日本的Ohta和Chuong(1975)在应用嫁接蒙导法进行辣椒嫁接变异试验时,选用播种后约3周(出土10～14天)的幼苗(具3～5片叶)作接穗,选用2～3个月苗龄的植株(20～30片叶)作砧木。在整个生长期间,接穗只留顶端2～3片叶,其余叶片全部除去,每周打叶2次。

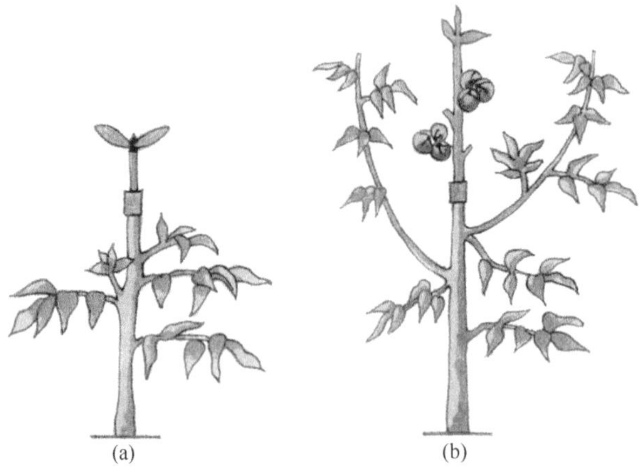

图5-8 一年生植株上采用最广泛的嫁接蒙导法(修改自Liu,2006)(彩图请扫封底二维码)
(a)实生苗在子叶期被嫁接到年长的砧木上;(b)在整个生长过程中,接穗除了顶部留2～3片叶其余的都被移除

河南科技学院赵智勇(2013)开展了棉花嫁接蒙导试验,即使用大龄砧木、幼龄接穗,采用劈接法将接穗嫁接到砧木上。在整个生长过程中,接穗除了顶部留2～3片叶其余的都被移除,对接穗上的花朵采取严格自交的办法(图5-9),以研究接穗后代是否能通过嫁接蒙导产生表观变异。但由于嫁接在7月才进行,试验未能收到成熟的种子,因此未能研究接穗后代的表现,仅在当代发现一些变异。

在'新海18号'(海岛棉)/'新研9648'(光籽陆地棉)嫁接组合未剪除接穗叶片的处理中,我们发现一株接穗'新海18号'的叶片形态发生改变(图5-10),该叶片全部呈椭圆形,无掌状分裂;在'中紫6号'(陆地棉)/'新海18号'(海岛棉）嫁接组合中，发现一株接穗‘中紫 6 号’铃柄长度发生变化，该接穗铃柄长度比未嫁接铃柄长，但比‘新海 18 号’铃柄短（图 5-11），说明砧木可能对嫁接当代接穗叶片形状和铃柄长度产生了一定的影响。

图 5-9　棉花嫁接蒙导试验

(a)　(b)

图 5-10　接穗‘新海 18 号’当代叶片形态变化（彩图请扫封底二维码）

（a）‘新海 18 号’/‘新研 9648’叶片形状；（b）正常‘新海 18 号’叶片

三、垂直多重嫁接蒙导法

将第 1 次嫁接成活后的接穗当成中间砧，再将 1 个接穗嫁接到中间砧上，如

图 5-11　‘中紫 6 号’/‘新海 18 号’嫁接组合接穗铃柄长度变化（彩图请扫封底二维码）
(a) 正常‘中紫 6 号’铃柄；(b) 嫁接‘中紫 6 号’铃柄；(c) 正常‘新海 18 号’铃柄

此反复嫁接就称为“垂直多重嫁接法”。王柏龄等（2000）在 1997 年用不同浓度秋水仙碱处理不同品种接穗腋芽的基础上，于 1998 年单纯选用绿茶良种‘福鼎白毫’，以 0.5%的秋水仙碱水溶液处理腋芽，再分别用二重嫁接与三重嫁接蒙导接穗，1999 年的结果表明，此法不仅是改变接穗遗传性的有效途径，且变异的范畴总是受接穗下相对应的近砧控制，具有近位相似变异的遗传规律。潘虎林和周桂珍（2014）采用多重嫁接栽培花椒，皮刺比一次嫁接减少，可解决花椒皮刺多、采摘成本高的问题。多重嫁接树与同龄树相比，在树高、树冠投影、主干周长及复芽数量等方面都有显著的优势。管雪松（2016）采用垂直多重嫁接法将黄瓜嫁接到南瓜上，通过对接穗黄瓜生殖器官的形态研究发现，累积嫁接表现为一定的累加效应。3 次嫁接（G_3）黄瓜雄花梗长、花瓣长、总花长和雄花重量均显著高于自根苗；盛花期，3 次嫁接雌花的果梗长、花瓣长和总花长显著大于自根苗，而子房长度显著短于自根苗，且 2 次嫁接（G_2）雌花子房最短。此外，在 NaCl 胁迫下，1 次嫁接（G_1）后接穗上所结黄瓜种子的发芽势、发芽率和发芽指数比自根苗种子的要高；而 NaCl 浓度不超过 10g/L 胁迫下幼苗主根长、侧根数和茎长为 $G_3>G_2>G_1$。

第三节　培育嫁接有性杂种的方法

当砧木和接穗都不再是幼龄的个体时，其体细胞都具有稳固的结构。这种情况下，砧木（或接穗）虽不能对接穗（或砧木）的体细胞产生较大的影响，却能使接穗（或砧木）产生的性细胞和种子发生显著的变异。由这些变异的种子长成的个体就成了嫁接有性杂种。获得嫁接有性杂种是比较容易的。

一、普通嫁接法

应用嫁接的方法能够繁殖果树苗木，保持接穗品种的遗传特性，而不会引起接穗品种遗传性的改变。主要是因为：第一，通常嫁接繁殖的目的是保持栽培品种的优良特性，所以一般从栽培品种的成年结果树上采集接穗，这些接穗具有遗传稳定性；第二，在嫁接繁殖时所用的砧木一般是幼龄的实生苗，不容易对具有遗传稳定性的接穗品种产生显著影响；第三，嫁接后一般不让砧木保留叶片，而使接穗的枝叶旺盛生长，所以，接穗利用自己制造的营养物质进行生长发育，一般不受砧木的影响。

尽管砧木不能改变接穗营养繁殖后代的遗传性，但由于接穗开花结果时产生的种子在发育阶段上是年幼的，具有较大的遗传可塑性，因此砧木对接穗的种子后代能产生强烈的影响。所以播种从嫁接树上采收的种子，常常能获得嫁接有性杂种，这些嫁接有性杂种是父本、母本和砧木三者相结合的产物[图 5-12（a）]。

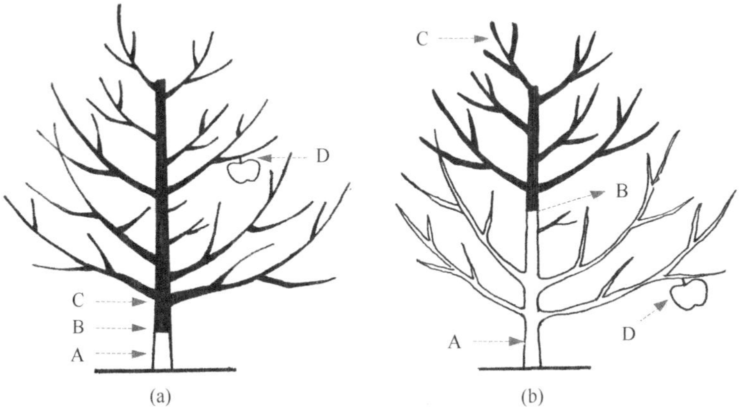

图 5-12　在嫁接繁殖条件下获得嫁接有性杂种

A. 砧木；B. 嫁接部位；C. 接穗；D. 嫁接有性杂种

（a）一般嫁接繁殖条件下，在接穗上获得嫁接有性杂种；（b）高接情况下，在砧木上获得嫁接有性杂种

由于嫁接繁殖所用的砧木多半是野生种或野生近缘种，其果实品质一般较低劣，因此在嫁接繁殖条件下获得的嫁接有性杂种种子一般经济性状退化，品质低劣，在育种上利用价值不大。这也是嫁接果树采用种子繁殖时不能保持亲本遗传特性的原因之一。

在果树高接情况下，接穗品种虽不能使砧木营养体的遗传特性发生改变，却能使砧木树上所结果实中的种子性状发生改变。在这种情况下，从砧木的种子后代中也可获得嫁接有性杂种[图 5-12（b）]。

在采用嫁接蒙导法进行嫁接变异试验时，往往有这样的现象：被蒙导者的营养体虽然没有发生显著的性状改变，但被蒙导者产生的种子后代发生了显著的变异（图 5-13），这种从被蒙导者种子后代产生的变异体，也属于嫁接有性杂种的范围。

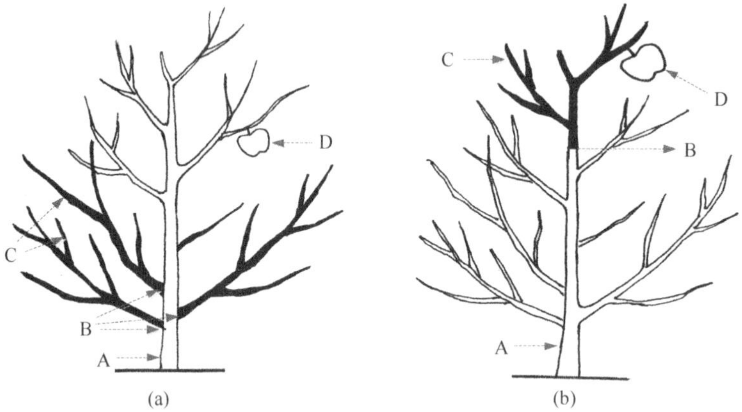

图 5-13　嫁接变异条件下获得嫁接有性杂种

A. 砧木；B. 嫁接部位；C. 接穗；D. 嫁接有性杂种

（a）接穗作蒙导者、砧木作被蒙导者时，在砧木上获得嫁接有性杂种；（b）砧木作蒙导者、接穗作被蒙导者时，在接穗上获得嫁接有性杂种

二、预先无性接近法（无性-有性杂交法）

远缘杂交可突破种属界限，扩大遗传变异，创造新的变异类型或新物种。但属间及科间的远缘杂交，由于在长期的进化过程中，形成了各种不亲和机理，受精过程很难进行或完成，这是远缘杂交育种中一个很大的障碍。米丘林（1955）采用预先无性接近法巧妙地克服了果树远缘杂交上的这个困难。方法是这样的：采取某些种类果树的一年生杂种实生苗接穗，高接在准备与该种杂交的另一种果树的成年树冠上。高接后 5～6 年，接穗在砧木的影响下逐渐地改变了原来的遗传特性，这样便使得有性杂交容易进行了。

米丘林（1955）为了获得花楸和梨的杂种，他先将普通花楸和黑果花楸杂交，再将杂种实生苗接穗高接在成年梨树的树冠上。几年以后，当高接的花楸开花时，去掉雄蕊，用梨的花粉与之杂交授粉。结果得到了梨与花楸的杂种，也就是嫁接有性杂种。这是把嫁接杂交和有性杂交结合起来应用于育种的一种巧妙方法。何德辉（1980）通过多年红麻远缘嫁接变异研究，认为“通过红麻远缘嫁接杂交，选育新品种是很困难的，只有把远缘无性杂交作为桥梁，再进行远缘有性杂交，才会比较有希望”。又如，北京农业大学为了获得抗霜霉病的黄瓜品种，用黄瓜和丝瓜进行属间远缘杂交，但授粉不结实。于是将黄瓜作接穗预先嫁接在丝瓜上，再用丝瓜和黄瓜的混合花粉给黄瓜授粉，收到良好效果（刘用生，2001）。管雪松

（2016）发现先将黄瓜（母本）嫁接到丝瓜（父本）上，然后结合延迟授粉技术，能有效打破黄瓜与丝瓜远缘杂交的受精障碍，坐果率显著提高。

我国宁夏农林科学院王成玉和马贵龄（2013）发明了培育辣椒嫁接杂种的一种方法：先将辣椒（母本）嫁接到枸杞（父本）上，然后进行有性杂交，克服了父母本之间的远缘有性杂交不亲和性，并培育出枸杞辣椒。

参 考 文 献

范盛尧. 1999. 接穗郁李影响杏砧变异的实验. 遗传, 21(4): 43-44.

管雪松. 2016. 嫁接诱导黄瓜变异及远缘杂交初步研究. 福州: 福建农林大学硕士学位论文.

何德辉. 1980. 红麻远缘嫁接杂交的方法和体会. 中国麻业科学, (3): 18-19.

刘用生. 2001. 中国古今植物远缘嫁接的理论和实践意义. 自然科学史研究, 20(4): 352-361.

米丘林. 1955. 米丘林全集. 第1卷. 华北农业科学研究所, 北京农业大学译. 北京: 财政经济出版社: 422-428.

米丘林. 1959. 米丘林全集. 第3卷. 中国农业科学院, 等译. 北京: 农业出版社: 499-500.

米丘林. 1965. 米丘林全集. 第4卷. 中国农业科学院, 等译. 北京: 农业出版社: 394-395.

潘虎林, 周桂珍. 2014. 花椒多重嫁接对皮刺及生长结果的影响研究. 林业实用技术, (12): 44-46.

王柏龄, 万辉, 余志成. 2000. 染色体加倍后的茶树短穗嫁接杂交试验. 蚕桑茶叶通讯, (1): 9-12.

王成玉, 马贵龄. 2013. 枸杞和辣椒、茄子的嫁接杂交方法: 中国, 101904266B.

张冬生. 1983. 烟草试管无性杂交. 遗传, (6): 19-21.

赵智勇. 2013. 不同植物嫁接体系的建立及嫁接诱导变异机制的初步研究. 新乡: 河南科技学院硕士学位论文.

赵智勇, 职明星, 刘用生, 等. 2013. 植物嫁接杂交研究新进展. 生物学通报, 48(3): 4-6.

朱雪云, 王燕, 陈利萍. 2010. 榨菜(*Brassica juncea*)和紫甘蓝(*Brassica oleracea*)种间周缘嵌合体光合特性研究. 核农学报, 24(2): 401-406.

Burge G K, Morgan E R, Seelye J F. 2002. Opportunities for synthetic plant chimeral breeding: past and future. Plant Cell, Tissue Organ Culture, 70(1): 13-21.

Chen L P, Ge Y M, Zhu X Y. 2006. Artificial synthesis of interspecific chimeras between tuber mustard(*Brassica juncea*)and cabbage(*Brassica oleracea*)and cytological analysis. Plant Cell Reports, 25(9): 907-913.

Fuentes I, Stegemann S, Golczyk H, et al. 2014. Horizontal genome transfer as an asexual path to the formation of new species. Nature, 511(7508): 232-235.

Gurdon C, Svab Z, Feng Y, et al. 2016. Cell-to-cell movement of mitochondria in plants. Proceedings of the National Academy of Sciences of the United States of America, 113(12): 3395-3400.

Hirata Y, Noguchi T, Oguni S, et al. 1994. Genetic constitution of germ cells in intervarietal and interspecific chimeras of *Brassica* induced by *in vitro* grafting. Theoretical and Applied Genetics, 89(2): 249-264.

Kim I, Pai H S. 2009. Mobile macromolecules in plant development. Journal of Plant Biology, 52(3): 186-192.

Krenke N P. 1933. A morphogenetical analysis of the cotton plant. Phenogenetical Variability, 1: 419.

Li J, Wang Y, Zhang L, et al. 2013. Heritable variation and small RNAs in the progeny of chimeras of *Brassica juncea* and *Brassica oleracea*. Journal of Experimental Botany, 64(16): 4851-4862.

Liu Y S. 2006. Historical and modern genetics of plant graft hybridization. Advances in Genetics, 56: 101-129.

Neilson-Jones W. 1969. Plant Chimeras. 2nd ed. London: Methuen.

Noguchi T, Hirata Y, Yagishita N. 1992. Intervarietal and interspecific chimera formation by *in vitro* graft-culture method in *Brassica*. Theoretical and Applied Genetics, 83(6): 727-732.

Ohta Y, Chuong P V. 1975. Hereditary changes in *Capsicum annuum* L. Ⅰ. Induced by ordinary grafting. Euphytica, 24(2): 355-368.

Ohtsu Y. 1994. Efficient production of a synthetic periclinal Chimera of *Citrus* 'NF-5' for introduction of disease resistance. Annals of the Phytopathological Society of Japan, 60(1): 83-88.

Oiyama I, Okudai N. 1986. Production of colchicine-induced autotetraploid plants through micrografting in monoembryonic *Citrus* cultivars. Japanese Journal of Breeding, 36(4): 371-376.

Stegemann S, Bock R. 2009. Exchange of genetic material between cells in plant tissue grafts. Science, 324(5927): 649-651.

Stegemann S, Keuthe M, Greiner S, et al. 2012. Horizontal transfer of chloroplast genomes between plant species. Proceedings of the National Academy of Sciences of the United States of America, 109(7): 2434-2438.

Wakana A, Park S M, Hanada N, et al. 2005. Production of tetraploid forms of acid *Citrus* cultivars by top grafting of shoots with sprouting axially buds treated with colchicine. Journal of the Faculty of Agriculture Kyushu University, 50(1): 93-102.

Wang Y, Cheng Q, Zhu X Y, et al. 2011. Studies on reproductive characteristics of an interspecific chimera between *Brassica juncea* and *Brassica oleracea*. Plant Cell, Tissue and Organ Culture, 104(2): 209-215.

Weiss F E. 1930. The problem of graft hybrids and chimaeras. Biol Rev, 5: 231-271.

Winkler H. 1907. Über Pfropfbastarde und pflanzliche Chimären. Molecular Genetics and Genomics, 25: 568-576.

Zhang D H, Meng Z H, Xiao W M, et al. 2002. Graft-induced inheritable variation in mungbean and its application in mungbean breeding. Acta Batanica, 44(7): 832-837.

Zhu X Y, Chai S J, Chen L P, et al. 2010. Induction and origin of adventitious roots from chimeras of *Brassica juncea* and *Brassica oleracea*. Plant Cell, Tissue and Organ Culture(PCTOC), 101(3): 287-294.

Zhu X Y, Zhao M, Ma S, et al. 2007. Induction and origin of adventitious shoots from chimeras of *Brassica juncea* and *Brassica oleracea*. Plant Cell Reports, 26(10): 1727-1732.

第六章　植物嫁接产生变异的机理

通过嫁接杂交能产生遗传性变异，已被越来越多的研究证实，这已经不是什么需要争论的问题了。但植物嫁接变异的机理，长期以来一直都是个谜，正如方宗熙先生所说，“问题是嫁接杂交的机理尚未了然，是如何去解释它”。人们对嫁接变异机理的认识，经历了一个由浅入深的过程。

第一个为嫁接杂种的形成提供解释的是达尔文的泛生论（pangenesis）。1868年，达尔文提出细胞不仅能够通过细胞分裂进行生长，而且有能力甩出微小的粒子或分子，达尔文称为“微芽（gemmules）”。他假定体内所有细胞在不同发育阶段甩出微芽。这些微芽能够自我复制，在体内循环，并且最终到达性细胞或者在芽可能发育的部位再生。实际上，达尔文所谓的“微芽”就相当于我们现在所说的遗传物质的载体。1889年，德弗里斯（de Vries）为了纪念达尔文的泛生论，用“泛生子（pangen或pangene）”替代了达尔文的“微芽”。1909年，约翰逊又用“基因（gene）”替代了德弗里斯的“泛生子”。从gene词汇的演变过程pangenesis—pangene—gene不难看出，达尔文的“微芽”就是现代基因的雏形。在达尔文看来，关于嫁接杂种，从砧木上释放的微芽可能转移到接穗上并且和接穗上的性细胞和分生细胞结合，在接穗和其后代中产生可遗传的变异。“任何普遍繁殖理论，关于嫁接杂种形成和在母本植物组织上的雄配子行为，还有关于雌性动物将来的后代都是异常的；但是它们在我们的假设中都是可理解的”（Darwin，1883）。很多人认为达尔文相信植物的核融合发生在嫁接结合部上，终成嫁接杂种（Burge et al.，2002；Marcotrigiano，1997；Tilney-Bassett，1986；Neilson-Jones，1969），实际上不是这样的。笔者仔细阅读了达尔文的《变异》一书，发现达尔文解释嫁接杂种的形成仅用到他的泛生论。

第一节　过去对植物嫁接变异机理的认识

一、过去对嵌合体嫁接杂种形成机理的认识

嫁接时，砧木和接穗双方接口处的愈伤组织互相掺杂，由于它包含了砧木和接穗双方不同遗传成分的细胞，当此愈伤组织发生不定芽时，形成了一个兼具砧木和接穗双亲特点的嫁接嵌合体。过去对嫁接嵌合体形成机理的认识主要有以下两种观点。

（一）“机械嵌合”观点

这种观点认为，嫁接嵌合体生长点上的两种不同来源的组织各保持其性状，互不影响（Baur，1910）。在有多层顶端分生组织的高等植物中，外面顶部的细胞层被命名为“L_1”，包在 L_1 内的层被命名为“L_2”，在 L_2 下面的层，如果存在的话，则被命名为“L_3”（Marcotrigiano，2001）。嫁接嵌合体根据砧木成分在顶端生长点的组织发生层中的分布不同，可划分为几种类型。

1. 周缘嫁接嵌合体

同一组织层由相同的成分占据，但不同层间则由砧木和接穗成分分别占据，因此植物周缘嵌合体是最稳定的嵌合方式。在周缘嵌合体中，细胞产生表皮和其余部分并排存在，没有一种组织对另一种组织的影响（Swingle，1927）。

2. 扇形嫁接嵌合体

从最内层到最外层的某一连续部分由砧木或接穗一种遗传成分的细胞占据，其余部分由另一种成分占据。

3. 不完全周缘嵌合体

某一成分占据某一两个组织层的一部分，其余部分由另一成分占据。包围另一个嫁接成分内部的某一个嫁接成分的细胞层数，必然影响到嫁接嵌合体种子后代的习性，因为孢原组织是由生长点的第 2 层细胞（即 L_2）衍生的，所以，完全要看第 2 层细胞是属于哪一个嫁接成分——砧木还是接穗。如果第 2 层是由砧木组织的细胞所形成的，那么种子后代就必然产生砧木的性状；如果第 2 层是由接穗组织的细胞所形成的，那么种子后代就必然产生接穗的性状。

（二）“相互影响”观点

这种观点认为，两种遗传性状不同的组织和细胞并非机械地嵌合在一起，而是具有密切的生理联系，并相互影响。嵌合体创造了异源细胞共存的体系，即不同起源的细胞和组织密切相邻。嵌合体植株的组织与器官（包括生殖器官）是异源细胞共同发育而成的，并且细胞间物质（包括遗传物质）和信息的传递通道——胞间连丝的结构正常。因此，嵌合体的每个细胞层（包括与配子形成有关的 L_2 层）都有异源细胞的交流，这是上下嫁接无法实现的。所以，嵌合体的合成为异源细胞之间的交流提供了良好的实验体系。

苏联科学院遗传研究所的格鲁森科（1953）曾重复了 Winkler（1907）的试验，通过对他所获得的嫁接嵌合体进行仔细的研究，证明砧木和接穗能够深刻地相互影响，如当龙葵的组织在番茄的组织上发育时，表皮是由在形态和大小方面都改变了的细胞和气孔组成的，并且叶片单位面积上的气孔数目也增加了。此外，茸毛的形状和它们的分布也有所改变，特别是可以看到砧木类型和接穗类型的茸毛和气孔同时存在。

二、过去对非嵌合体嫁接杂种形成机理的认识

第三章第一节提到的非嵌合体嫁接杂种，可分为嫁接蒙导杂种和嫁接有性杂种两类，过去对这两类嫁接杂种的形成机理也有不同的认识。

（一）过去对嫁接蒙导杂种形成机理的认识

Michurin（1949）在《蒙导者的设立》一文中写道："一般来说，必须知道：在杂种实生苗发育的最初几年内，砧木对幼龄杂种实生苗的影响表现着很大的力量，并且在这种情况下，接穗的基因同砧木的基因混杂起来了。因此，这种嫁接所长大的小树不是由种子所培育出来的杂种，而是它同砧木之间的嫁接杂种了。"从这段话中可知，米丘林认为砧木和接穗之间是能够发生基因交换的。

李森科（1956）在《农业生物学》一书中指出，"大家知道，接穗与砧木之间仅仅进行可塑性物质的交换，也就是液体汁液的交换。砧木与接穗间既不能交换细胞核的染色体，也不能交换原生质。但是遗传特性可以由砧木遗传给接穗，或由接穗遗传给砧木。由此可见，接穗及砧木所制造出来的可塑性物质，也具有种的特性，就是说具有遗传性……机体的任何一种细小的有生命的部分，或者甚至是颗粒，都具有遗传性，就是说具有为了本身的生活、生长、发育，要求相对稳定条件的特性……""这样看来，作为接穗的外界因素——养料，即砧木的可塑性物质，一旦被接穗所同化进入体内，便使它的遗传性发生改变"。在李森科的影响下，过去米丘林学派普遍认为，采用嫁接方法把具有不同遗传性的生物体结合在一起，使它们发生密切的生理联系，通过双方的物质交换，从而改变和动摇嫁接成分的遗传性。当一方被迫同化了非其本性所需要的另一方的营养和可塑性物质时，就改变了新陈代谢类型，从而会发生遗传性的相应变异。也就是说，嫁接蒙导杂种的遗传性是在改变新陈代谢的基础上形成的。

（二）过去对嫁接有性杂种形成机理的认识

Michurin（1949）在《培育杂种实生苗时蒙导者的应用》一文中写道："事实上，在果树杂交时如果我们采用曾被嫁接过的某一个果树品种作为母本，那么在杂交后所培育的实生苗中，只有极少数的苗木具有杂交品种的性状，而其余大部分却是地道的野生种，这完全不是由于返祖遗传的影响，而几乎完全是由于母本老龄砧木非常强烈而稳定地影响了极其微弱的、尚未稳定的杂种种子的生殖构造，

就是说，实际上我们所获得的是野生砧木的嫁接杂种，其中只混有极少的栽培品种的特性”。从这段论述中可以看出，米丘林认为杂交母本的老龄砧木对有性杂交所产生的杂种种子产生了强烈的影响，因此产生的嫁接有性杂种不仅具有杂交父本和母本的性状，而且更多地具有野生砧木的性状。

第二节 目前对植物嫁接变异机理的认识

一、目前对嵌合体嫁接杂种形成机理的认识

温克勒是第一个创造“嵌合体”一词的人，并且第一个发现了通过特殊的嫁接技术产生嵌合体的简单方法，他验证了嵌合体嫁接杂种和非嵌合体嫁接杂种都是存在的（Bailey，1920）。不同于温克勒，Baur（1910）否认了非嵌合体嫁接杂种的存在，并且通过他的嵌合体假说解释所有的嫁接杂种——在一些植物的成熟组织中发现的嵌合体模式，是早已呈现在生长点上的发育模式（Tilney-Bassett，1986；Neilson-Jones，1969）。几乎无一例外，在双子叶植物中，外部顶端的细胞层（L_1）产生叶表皮；第 2 个顶层（L_2）产生配子、栅栏组织、下层的海绵组织和叶缘的所有海绵组织；第 3 个顶层（L_3）产生海绵组织的上部和中层（Wang et al.，2011；Marcotrigiano and Bernatzky，1995）。然而，很多研究者观测到嵌合体嫁接杂种不仅表现出砧木和接穗所具有的性状，而且常呈中间性状，甚至产生新的性状，如杨树嫁接嵌合体‘毛健杨’，其木材结构呈现健杨和毛白杨的中间结构，而不是机械的嵌合；柑橘嫁接嵌合体中的‘枳合芦’，其叶片出现了单叶、二出复叶和三出复叶，其中二出复叶在砧木和接穗中都不存在。此外，不少嫁接嵌合体的有性后代也具有砧木和接穗的性状，而不是仅具有砧木或接穗一方的性状。这是过去的嵌合体理论无法解释的。因此，人们对嫁接嵌合体形成的机理做了种种推测。吕柳新和林顺权（1995）认为，除了嵌合体结构的转化原因外，也可能存在砧穗双亲的基因互作。Glushchenko 等（1988）在培育卷心菜和羽衣甘蓝嫁接嵌合体过程中，发现嫁接部位能产生混倍体、非整倍体和多倍体组织（$2n$=18、36、63、72），还发现在甘蓝嫁接嵌合体中有 DNA 分子的重组。Hirata 等（1990）通过对甘蓝品种间嫁接嵌合体的研究，也推测在嫁接嵌合体的不同组织或细胞间可能发生了基因转移。Pandey（1976）曾提出假说：嫁接部位的接穗与砧木细胞可发生原生质融合，一种细胞的染色体片段进入正在分裂的另一种细胞中，并整合到正常染色体中，当转化的细胞形成不定芽时，就产生了嫁接杂种。

此外，一些学者从遗传学和生理学的角度对嫁接嵌合体形成的机理做了进一步的探讨。有证据表明，嵌合体嫁接杂种大部分受双亲基因型的影响（Zhou et al.，2002；Hirata et al.，2001；Glushchenko et al.，1988；Byatt et al.，1977）。配子也

能由 L_1 或 L_3 而来（Marcotrigiano and Bernatzky，1995；Hirata et al.，1994）。Byatt 等（1977）提出过去过于强调表皮层的解剖和嵌合体嫁接杂种中亲本性状的分离，并且嵌合体假说需要修改以加大不同细胞和组织之间相互影响的权重。他还提出在遗传上不同的细胞的相互作用导致 DNA 水平上的变异，因此能成为遗传变异的来源（Zhou et al.，2002；Hirata et al.，2001；Glushchenko et al.，1988）。Chen 等（2006）利用茎尖离体嫁接技术获得了榨菜（tuber mustard）和紫甘蓝（red cabbage）嫁接嵌合体的异源六倍体株系 TCC（T=tuber mustard 为最外层，C=red cabbage 为中间层和 C=red cabbage 为最内层），该株系是稳定的种间周缘型嵌合体，嵌合体的有性后代与无性回复后代呈现出与亲本不同的性状，并且变异性状可遗传（李俊星，2013；Wang et al.，2011）。

二、目前对非嵌合体嫁接杂种形成机理的认识

（一）目前对嫁接蒙导杂种形成机理的探索

日本学者 Ohta 原来是一个孟德尔主义者，后来他重复了米丘林学派的学者 Kasahara 的嫁接试验，不仅获得了嫁接杂种，而且进一步从基因水平上对嫁接杂种进行研究，总结了一些孟德尔性状在嫁接后的遗传变异特点，发现诱导这些变异的机理与高等生物的转化机理相似。他还通过砧木的组织学分析表明，即将木质化和将要死亡的细胞中呈现不同大小和形状的染色质通过胞壁和胞间隙向维管束运动，他认为砧木将要死亡的细胞中的染色质转移并整合到接穗生长点细胞的染色体组中，从而引起了遗传变异，这在嫁接变异机理的研究上前进了一大步。新西兰遗传学家 Pandey 十分赞同 Ohta 的观点，日本的 Yagishita、Hirata、Taller 等也与 Ohta 持相似的观点，并从分子水平上对嫁接变异的机理进行了研究。

（二）目前对嫁接有性杂种形成机理的探索

Ohta（1991）是第一个探索辣椒嫁接转化机理的科学家，为研究嫁接变异机理翻开了新的一页。他在对砧木茎的显微组织学分析中，发现来自木质化濒死的细胞染色质团通过细胞壁和细胞间隙向纤维束移动。他假设这种染色质通过导管系统转移，穿过嫁接结合部，到达接穗的花原基或生长点。在正常植物中，没有这种染色质移动遗传效应的细胞将令人注目，因为所有的细胞有着相同的基因型。然而嫁接之后，尤其在某些茄属植物，如辣椒、茄子和番茄，在其茎中发生了严重的木质化，可能有大量的染色质从砧木流向接穗，尤其是当接穗实际寄生在砧木上的时候（Ohta，1991）。这一解释是合理的，因为一些中国独立机构的学者早已在百合科、禾本科和茄科的很多植物中发现[北京农业大学的娄成后教授和中国科学院植物研究所的吴素萱研究员注重体细胞核的穿壁研究，而兰州大学的郑国

铝教授则侧重性细胞（也就是花粉母细胞和小孢子）染色质穿壁的研究]，并将其作为一种正常的生理现象，植物的体细胞核（娄成后等，1962，1957，1956a，1956b；吴素萱，1959，1958，1955a，1955b）或性细胞染色质（郑国锠等，1987，1985，1982，1980，1973，1964；王崇英和郑国锠，1987；郑国锠和王耀芝，1955；郑国锠，1955）发生穿壁现象而实现胞间转移，特别是后生质和原生质可从低层枯叶中的衰老垂死细胞向仍然活跃的初生叶转移，然后能被新细胞作为原料利用（Zhang et al.，1990；张伟成等，1984；娄成后，1980），而且可以人工促使细胞间染色质穿壁实现外源遗传物质的导入（吴伯骥等，1991）。Taller 等（1998）用 RAPD 标记对嫁接引起的变异进行研究，结果表明，在嫁接有性杂种和砧木品种中出现的一些 RAPD 标记，在接穗品种中却未发现，说明 DNA 分子从砧木直接转移到了接穗的配子中，这可能是嫁接诱导变异的原因。Körpe 等（2012）利用 RAPD 分析番茄嫁接到烟草上的遗传稳定性时发现，2.94%的嫁接番茄出现多态性。

第三节　关于植物嫁接变异机理的解释

Pandey（1976）首先提出了遗传转化可能是嫁接变异的一种机理，并不断得到同行认可（Hirata et al.，2003；Taller et al.，1999，1998；Ohta，1991），然而在很长一段时间内，没有更进一步的细胞或分子证据揭示 DNA 可在嫁接体中长距离地移动，更别提其确切机理（Zhang et al.，2002）。由于 Ohta、Hirata 等均是以茄科蔬菜为研究材料，存在研究材料的局限性，他们未能科学地解释果树等多年生植物嫁接变异的机理。例如，Ohta（1991）认为，在采用蒙导法进行辣椒嫁接变异试验时，遗传物质能从砧木转移到接穗中。但在果树嫁接繁殖时，遗传物质只能从接穗转移到砧木中，而不能从砧木转移到接穗中。这就无法解释为什么果树种子后代往往具有砧木的性状。

在应用蒙导法进行嫁接变异时，Michurin（1949）曾多次强调被蒙导者必须是年幼的植株，他认为“幼龄植株尚未形成本身结构的牢固稳定性，很容易受到各种因素的影响而发生显著的变异”。现在农作物中广泛应用的“受精后外源 DNA 导入植物技术”，主要是直接导入 DNA 来转化尚不具备正常细胞壁的卵、合子或早期胚胎细胞，因为“受精过程或胚胎发育早期是细胞分裂最旺盛阶段，此时是接受异源遗传物质的敏感期”。大量实践表明，愈伤组织在培养过程中很容易发生变异。还有许多研究表明，由愈伤组织获得的植株在阶段性上是年幼的，与种子长成的实生苗相似。果树生产上，广泛应用嫁接繁殖（通常以成龄植株的枝条作接穗）来保持品种的优良性状。根据以上事实，刘用生（1999）曾提出如下假设：幼龄实生苗的体细胞和植物体产生的愈伤组织细胞、性细胞和胚胎细胞均处于感受态，而老龄的植物体细胞处于非感受态阶段。外源遗传物质容易整合到处于感受态的细胞中，而难以整合到处于非感受态的细胞中。根据这一假说，从新的角度对嫁接杂种形成的机理加以解释。

一、对嵌合体嫁接杂种形成机理的解释

由于砧木和接穗结合部位产生的愈伤组织细胞处于感受态，因此可能出现以下两种现象：①由于嫁接引起的机械损伤，部分细胞的细胞壁破坏，造成一部分衰亡细胞中的染色质通过穿壁转移的方式，整合到正在分裂的愈伤组织细胞的染色体组中；②砧木木质部衰亡细胞内的染色质排入导管，随着水分的上升或由病毒携带上运（韧皮部衰亡细胞内的染色质排入筛管，随汁液的移动而下运），在结合部位输导系统恢复较慢的情况下，以穿壁转移的方式经过愈伤组织，并整合到某些正在分裂的愈伤组织细胞的染色体组中。这样由愈伤组织分化的不定芽所形成的嫁接嵌合体中，砧木成分的细胞中可能整合进了接穗的遗传物质，接穗成分的细胞中也可能整合进了砧木的遗传物质。因此，嫁接嵌合体不仅能表现砧木和接穗具有的一些性状，还往往呈现中间性状，甚至产生新的性状。

二、对非嵌合体嫁接杂种形成机理的解释

通过观察非嵌合体嫁接杂种的形成，Michurin（1949）认为基因可能在砧木和接穗间移动。随后，苏联米丘林学派用“可塑性物质”解释嫁接变异的机理。在他们看来，接穗和砧木不能交换细胞核或细胞质中的染色体。然而，遗传特性能从砧木转移给接穗，并且能从接穗转移给砧木。因此，在接穗和砧木中精细的可塑性物质具有生育特性。“砧木中的可塑性物质对接穗来说，就是外来配子、食物。此外，这些物质通过同化作用成为接穗的一部分，并改变它的遗传特性”（Morton，1951）。这种假设是相当无力的，因为没有说明可塑性物质可能是什么，更没有说明如何进行同化作用。

（一）对嫁接蒙导杂种形成机理的解释

从现在的观点看，米丘林的嫁接蒙导法是很有道理的。因为：第一，从幼龄植株上采取的接穗，其细胞处于感受态；第二，老龄砧木中有大量衰亡细胞，能释放出较多的染色质，这就提高了供体 DNA 的浓度；第三，嫁接后让砧木的枝叶大量生长，并减少接穗的叶片，这样就使接穗生长所需的水分和有机营养都来自砧木，从而决定了供体 DNA 运动的方向是由砧木到接穗。娄成后（1992）曾指出，幼嫩生长部位维管束尚未建立，而它的急剧生长需要大量的物质供应，核穿壁都有朝向新生部位的趋向。此外，由于一般种子不带病毒，因此刚萌发的实

生苗也不带病毒，而老龄砧木一般富含病毒，嫁接后病毒运动的方向自然是由砧木朝向接穗。

因此，采用嫁接蒙导法产生嫁接杂种的过程可能是：老龄砧木（或接穗）衰亡细胞（包括嫁接时机械损伤产生的衰亡细胞）内的染色质排入导管或筛管内，并伴随着导管内水分的上升运动，筛管内汁液的集体流动或由病毒携带，到达接穗（或砧木）茎尖（或根尖）分生组织部分，并以染色质穿壁的方式进入正在分裂的细胞，并整合到茎尖（或根尖）分生组织细胞的染色体组中，从而产生了遗传性变异。

（二）对嫁接有性杂种形成机理的解释

果树嫁接繁殖时，作为接穗的栽培品种枝条，在发育阶段上是老龄的，具有稳定的遗传性，其体细胞处于非感受态，不容易接受外源遗传物质的转化，嫁接后仍能保持其遗传特性。而当接穗开花结果时，它产生的性细胞和胚胎细胞在阶段发育上是年幼的，尚不具备正常的细胞壁，处于感受态，容易接受外源遗传物质的转化。果树生物学研究表明，果树在生长后半期叶片同化的碳水化合物大约有 2/3 是运到根部贮藏的，这些贮藏物质供给第二年新生器官的建造和生命活动。可以设想，早春开花期前后，砧木韧皮部衰亡细胞内的 DNA 片段，伴随着根部贮藏营养的上运而进入生殖器官内（砧木木质部衰亡细胞内的 DNA 片段可能伴随着水分的上升而进入生殖器官），进而整合到正在分裂的接穗性细胞或胚胎细胞的染色体组中，即通过砧木中的 DNA 来转化接穗中处于感受态的性细胞或胚胎细胞。这样，接穗所形成的种子内的遗传物质来自父本、母本和砧木三方。因此，嫁接果树种子后代往往具有砧木的性状。这也是嫁接果树遗传背景复杂性的主要原因之一。

第四节　嫁接变异机理的新见解

目前，关于植物嫁接诱导遗传变异的分子机理主要有两种解释：一是砧木和接穗之间的水平基因转移导致可遗传的变异，即来自砧木（或接穗）的遗传信号物质（如转录因子、DNA 和 RNA）能够通过胞间连丝和维管束转移到接穗（或砧木）中并调控接穗的生长发育模式，其转移机理有质膜包被转运模型、病毒转导模型和蛋白协运模型等 3 种可能；二是嫁接逆境诱导接穗（砧木）自身调控产生变异，主要是接穗（砧木）自身为了应对嫁接逆境而通过 DNA 甲基化修饰、组蛋白修饰、染色质重塑、非编码 RNA 调控、杂合体核仁显性、休眠转座子激活等表观遗传行为产生一些可遗传的变异（Wang et al.，2016；赵智勇，2013；王燕等，2011）。

一、砧木和接穗之间的水平基因转移导致变异

（一）砧木和接穗之间的水平基因转移模型

从现有的关于嫁接诱变的资料来看，基因交流是双向的，其方向既能从砧木到接穗也能从接穗到砧木（刘用生，2000；黄兴学等，2012）。对于遗传物质的转运方式，通过对植物嫁接变异相关资料报道的总结与归纳，我们提出了以下可能存在的交流基因的转运模型。

1. 质膜包被转运模型

该模型是指在嫁接植物体内，砧木和接穗的遗传物质以包含在质膜中的形式被转运。有以下两种类型。①叶绿体和线粒体中遗传物质的转运：叶绿体或线粒体作为整体被转运，或者分解后其内的遗传信息再次被质膜包被形成凋亡小体后转运。研究发现叶绿体部分基因（Stegemann and Bock，2009）、整个叶绿体（Stegemann et al.，2012），以及线粒体（Gurdon et al.，2016）通过嫁接结合部在砧木和接穗细胞间转移。②细胞核遗传物质的转运：细胞凋亡后，核遗传物质被质膜包被在凋亡小体中转运。细胞死亡后，其细胞核 DNA 会被降解为 50kb 的片段（翟中和和王忠喜，2008），一些片段可能会逃脱了水解酶的降解和细胞壁的束缚并被质膜包被，继而被转运至其他细胞。细胞质基因包含在质膜中，估计这就是质体 DNA 较细胞核 DNA 容易检出的原因。

2. 病毒转导模型

在病毒存在的情况下，砧木和接穗可能会以病毒为载体将其遗传物质传递给对方。Ohta（1991）在辣椒嫁接试验中发现，如果在嫁接之前一个月给砧木接种 BWV 病毒，则变异体的总变异率比未接种病毒的对照高 8 倍多。可以推测，病毒可能在嫁接植株体内的基因交流中起着极为重要的作用。

3. 蛋白协运模型

近年来，研究发现一些蛋白质和 RNA 能在植物体内被短距离或长距离运输（王燕等，2011）。遗传物质可能会与一些具有特定功能的蛋白质分子结合形成复合物，再作为一个整体被转运，随后被其他细胞识别和吸收利用。与核酸结合的蛋白质分子可能具有以下功能：①识别核酸并与其结合，形成相对较为稳定的复合物；②能够与细胞膜上的某些蛋白质分子相互识别，并使复合物能够转出或转入细胞；③协助核酸在新的细胞中发生相应的变化。

已经证实一些蛋白质能够在从源组织到库组织的运输期间结合 mRNA 作为

分子伴侣，这些 RNA 结合蛋白可促进转运并保护 mRNA 免受降解。报道的第一个分子伴侣是在笋瓜（*Cucurbita maxima*）韧皮部检测到的 CmPP16，嫁接试验显示 CmPP16 与 mRNA 从砧木运输到接穗（Xoconostle-Cazares et al.，1999）。在最近的一项研究中，PbPTB3 是与许多 mRNA 结合的梨品种‘杜梨’（*Pyrus betulaefolia*）中的 PTB 蛋白家族的成员，被证明在韧皮部中长距离运输，并结合 CUCU 结构域 PbWoxT1 mRNA（Duan et al.，2015a，2015b），二者的结合促进了穿过嫁接结合部的长距离运输。几种其他蛋白质也可以在组织之间长距离移动并作为调控因子。例如，发现番茄中的韧皮部移动亲环蛋白 SICyp1 从接穗移至砧木。这种长距离运输与增长的生长素应答有关，导致根系生长增强（Spiegelman et al.，2015）。在最近的一项研究中，Paultre 等（2016）使用嫁接系统来解决蛋白质的运输问题，发现蛋白质从枝条伴随到根部中柱鞘细胞的广泛移动。与 mRNA 类似，蛋白质的丰度可能影响蛋白质转运。这些研究大大支持 mRNA 和蛋白质长距离运输的发生，甚至可以实现它们的功能和改变植物形态发育。以上提到的最新报道为新研究提供了宝贵的指导，用于解释 mRNA 和蛋白质如何触发运输，以及它们的迁移是特异性发生的还是由于其在韧皮部伴胞中的丰度而发生的。

在不同的情况下，砧木和接穗的基因交流方式也可能有所区别。有可能上述几种假说模型均存在，当细胞所处的微环境不同时，其所处主导地位的转运方式也可能会发生改变。

（二）砧木和接穗之间的水平基因转移导致变异的分子机理

1. DNA 的水平转移

传统的“嫁接杂交”学说认为，在嫁接植株体内砧木和接穗间能够吸收和利用对方的基因，从而发生了可遗传的性状变化。Stroun 等（1977）描述了高等生物体内核酸的循环。近年来，人们已经证明嫁接植物砧木和接穗间或寄生植物与其宿主间存在水平基因转移。胞间连丝的形成和重建在嫁接结合部形成过程中为 HGT 提过了运输通道。

本课题组赵智勇（2013）通过 ISSR 分子标记技术检测，发现在绿豆/凤仙花嫁接植株中，接穗的带型发生了改变。由此推测，砧木中的基因可能穿过嫁接部位整合到了接穗基因组中。此外，不少学者通过 ISSR（邵果园和陆方方，2010；夏涵涵等，2007）、RAPD（李俊星，2013；陈红和王永清，2006；Taller et al.，1998）和 AFLP（冯金玲等，2012；朱肖艳，2011）等分子标记技术检测到了嫁接植物砧木和接穗间存在基因水平的交流。

Stegemann 和 Bock（2009）利用两种携带不同标记基因的烟草材料相互嫁接，通过 Southern 杂交证明了砧木和接穗间质体 DNA 确实通过嫁接结合部位进行交流，但未检测到细胞核 DNA 的交流。为了研究整个质体是否参与基因转移，Stegemann 等（2012）又构建了另外 3 个烟草品系［转叶绿体普通烟草、转基因的粉蓝烟草和本氏烟草（*Nicotiana benthamiana*）］用于嫁接试验，发现来自转叶绿体香烟烟草的整个叶绿体基因组穿过嫁接结合部进入到粉蓝烟草或本氏烟草中。Fuentes 等（2014）在嫁接烟草中，发现整个细胞核基因组在嫁接和砧木之间转移，产生了新的可育和稳定的异源多倍体物种。后来，Gurdon 等（2016）将含波缘烟草（*Nicotiana undulata*）雄性不育线粒体的普通烟草和可育的林生烟草（*Nicotiana sylvestri*）嫁接，通过监测从嫁接接合处再生植株花的育性，探测到罕见的线粒体 DNA（mtDNA）从林生烟草转移到普通烟草，使其恢复了育性。因此，嫁接可导致整个细胞核和质体基因组直接转移到嫁接结合处，这对理解嫁接机理和植物进化具有广泛的意义。

2. RNA 的水平转移

许多研究者发现 mRNA 能在植物细胞中及其周围通过胞间连丝和筛管分子移动。Xoconostle-Cazarers 等（1999）通过把黄瓜嫁接到南瓜上，发现南瓜的 mRNA 能在嫁接黄瓜的韧皮部汁液中长距离移动。Kim 等（2001）在未感染的植物中发现内生的 mRNA 分子，不仅能在细胞间移动而且可能会在离它们很远的细胞中执行发育功能。番茄正常叶形和突变叶形植株间的嫁接说明，来自变异叶形的突变基因 mRNA 能够从突变砧木进入野生型接穗中，并能改变其他基因型的野生接穗叶的形态。

使用高通量 RNA 测序，对拟南芥不同嫁接组合的研究表明，许多转录物通过维管系统穿过嫁接位点双向移动。嫁接组织中的蛋白质组学分析提高了 mRNA 可能在转移后被翻译并具有广泛功能的可能性（Thieme et al.，2015）。物种之间的大规模转录物交换也通过在五角菟丝子（*Cuscuta pentagona*）及其宿主中的测序进行了验证（Kim et al.，2014）。这种转录物交换可能类似于植物嫁接，因为菟丝子的吸器可以穿透宿主组织并形成维管连接。mRNA 的这些大规模移动与 HGT 相似，我们可以推测它们在受体组织中起关键作用。处理大规模高通量测序数据，Calderwood 等（2016）提出了一个 mRNA 丰度模型来揭示移动和非移动 mRNA 种类的分布。他们认为，在韧皮部中 mRNA 的非序列特异性移动可能与伴胞内的转录物丰度和半衰期直接相关。该模型提供了解释转录物大规模移动的可行途径。

在拟南芥嫁接研究中，转基因特异性 siRNA 和内源 siRNA 的所有类别显示在嫁接亲本之间的迁移性（Molnar et al.，2010）。近年来，随着转录组测序和表观遗传学的兴起，研究发现砧木和接穗之间也有 microRNA（miRNA）的转移和交流。Khaldun 等（2016）将番茄嫁接在枸杞上，采用 Illumina 高通量测序，通过样本间 miRNA 的比较分析，发现 3 个 miRNA 可能从砧木长距离运输到了接穗中。

反转录转座子是可移动的遗传因子，通过 RNA 介导反转录后转座（Kumar and Bennetzen，1999；Flavell，1995）。众所周知，反转录转座子在植物中是普遍存在的，并且在植物基因和基因组进化中扮演重要角色。在很多情况下，反转录转座子包括 50%的核 DNA 含量（Kumar and Bennetzen，1999）。反转录病毒也是植物种间基因交流的一种有效的媒介（Peterson-Burch et al.，2000）。随着能在细胞间和植物周围移动的新 mRNA 种类，以及反转录病毒或反转录转座子将 mRNA 反转录成 cDNA 并能将其整合到基因组的发现（Perlman and Boeke，2004；Adler，2001；Steele and Blanden，2000；Gabriel and Teng，1998），推测砧木和接穗间存在水平基因转移。

Darwin（1883）认为在自然界中几乎没有现象比性细胞对外界影响的敏感更让人惊奇。Michurin（1949）反复强调幼苗的遗传本性深受它们周围环境的影响。在植物发育早期，为了承受环境的干扰，广泛而可塑地表达适应的表型（Amzallag，2004）。在转基因研究中，母本果树的转化和再生通常受幼嫩组织的限制，这些幼嫩组织来自种子或幼苗的器官，诸如合子胚、下胚轴或子叶，然而成熟植株的组织不能轻易转化。其他情况下，体细胞原基、体细胞胚或无性繁殖组织的胚性细胞被用作起始材料来进行转化——外植体是幼嫩的或通过连续的体外微组织繁殖再生的（Cerera et al.，1998）。也就是说，幼嫩的材料已经被广泛用于木本果树的遗传转化。研究表明组培苗的发育阶段是年幼的，在生物学上等同于来自种子的植株。在植物组织培养实践中，愈伤组织容易变异，其再生芽通常具有幼龄的性状。在植物嫁接实践中，取自成年栽培种的接穗几乎没有改变。基于上述的事实，刘用生等（2004）假定植物的性细胞、愈伤组织细胞、胚细胞和年幼植株的体细胞都是感受态细胞，它们容易被外源基因转化，而成年或年老植株的体细胞是非感受态的，很难被外源基因转化。

综合上述，我们提出砧木和接穗之间 RNA 的水平转移导致变异可能的分子机理：砧木（或接穗）的 mRNA 分子被转移到接穗（或砧木）中，然后在反转录转座子或反转录病毒的作用下，反转录成 cDNA 并整合到接穗（或砧木）的性细胞、胚细胞、愈伤组织细胞和年幼植株的体细胞的基因组中，从而产生基因变异可遗传的嫁接杂种。

二、嫁接逆境诱导接穗（砧木）自身调控产生变异

（一）表观遗传现象

表观遗传（epigenetics）是指 DNA 序列不发生变化，但因 DNA 修饰造成基因表达发生了可遗传的改变。这种改变是细胞内除了遗传信息以外的其他可遗传

物质发生了改变，且这种改变在发育和细胞增殖过程中能稳定传递。对于生物的生长、发育和抵抗逆境的能力有深远的意义，是近年来生命科学领域的一大研究热点。

表观遗传学的现象很多，如 DNA 甲基化、组蛋白修饰、染色质重塑、非编码 RNA 调控、基因沉默、核仁显性、休眠转座子激活和性别相关性基因剂量补偿效应等都是典型的表观遗传现象，而这些现象之间往往又相互影响，共同作用于表观遗传修饰。其中，DNA 甲基化是最常见的一种表观遗传学修饰，广泛参与了细胞对基因表达的控制，在细胞生长、细胞分化、细胞增殖和疾病状态中起到了关键性的作用，是近年来表观遗传研究最多的领域之一（Guimil and Dunand，2006）。在植物体中，DNA 甲基化参与细胞的许多生物学过程，在植物细胞分化、生长发育和系统进化中起着重要的调节作用，可以影响植物的育性、叶片的形态等，并且这种修饰可以在接穗后代中通过有丝分裂或减数分裂传递（Wu et al.，2013；李新玲和徐香玲，2008）。此外，非编码 RNA（ncRNA）能够直接参与胞嘧啶甲基化和组蛋白修饰，且与染色质重塑等其他表观遗传修饰密切相关（于红，2009）。非编码 RNA 家族成员众多，除了 rRNA、tRNA 等持家非编码 RNA 外，还有种类繁多的具有调节功能的非编码 RNA，其中很多都参与了表观遗传修饰，而干扰小 RNA（siRNA）、microRNA（miRNA）和长链 ncRNA（lncRNA）最为典型。

植物会通过 DNA 甲基化和组蛋白修饰等自身调控途径应对逆境，并且这种表观遗传行为大多能以孟德尔遗传方式传递给后代（Chinnusamy and Zhu，2009；Boyko and Kovalchuk，2008）。此外，具有物种、组织及器官特异性的非编码 RNA，包括一些大分子的 mRNA 和 lncRNA 及小分子的 miRNA 和 siRNA，被发现参与了植物应对逆境的重要调控途径（Di et al.，2014；Lu et al.，2005；Sunkar and Zhu，2001）。

（二）嫁接逆境诱导接穗（砧木）自身调控产生变异的分子机理

表观遗传修饰在通过嫁接产生遗传性表型变异中具有潜在的作用。在茄科种间植物嫁接过程中产生了 DNA 甲基化的基因座特异性改变，并且嫁接接穗的这些改变对其自花授粉的后代是部分可遗传的（Wu et al.，2013）。但大量的嫁接研究没有找到接穗细胞核 DNA 发生变异的证据，所以利用经典的遗传学理论并不能很好地解释嫁接变异的遗传机理。例如，孟昭璜和芦翠乔（1989）将绿豆嫁接在甘薯上，并培育出了薯绿豆新品种；Zhang 等（2002）将该薯绿豆种子连续几代播种，发现其后代中出现明显的遗传变异，并发现变异品系的细胞核 DNA 发生了高频率的序列重组，但未发现砧木与接穗间基因转移的迹象，据此推测这种变异很有可能是嫁接逆境诱导的变异。Liu 等（2009）认为，嫁接后的植物由于其处于一种特殊的环境之中，诱导接穗（砧木）自身调控以应对不利环境，从而产生变异。

目前，多种 siRNA 和 miRNA 已被证明是针对多数转录物的嫁接传递信号，是引发嫁接诱导的基因表达变化的重要因素。在拟南芥嫁接试验中，已经检测到小 RNA（sRNA）介导的嫁接传递表观遗传修饰。Li 等（2013）通过 sRNA 测序，推测榨菜和紫甘蓝异源 sRNA 在嫁接结合部细胞之间的转运和交流，与榨菜和紫甘蓝嫁接嵌合体产生的遗传变异具有很大的相关性。这种相关性的可能原因是，异源 mRNA 参与调控受体组织的基因表达并进行遗传修饰，产生表观变异且可遗传的嫁接杂种。

1. siRNA 与嫁接诱导的表观遗传

一些非编码 RNA 能通过遗传修饰改变植物的特性以应对嫁接逆境，而且非编码 RNA 诱导的基因沉默信号能够穿过植物嫁接结合部（Kasai et al.，2016；Fragoso et al.，2011；Chitwood and Timmermans，2010）；此外，较长的 siRNA 能通过 RNA 介导的 DNA 甲基化（RNA-directed DNA methylation，RdDM）促发特异基因的沉默（Haque et al.，2007）。据报道，这类 siRNA 是由特异的 RNaseIII Dicer-like 在细胞质中加工而成的，然后加载在 ARGONAUTE 4 蛋白上进入细胞核内并与靶向 RNA 结合进行 DNA 甲基化（Borges and Martienssen，2015；Reinhart and Weinstein，2002）。RdDM 既可以在转录水平发生，也可以在转录后水平发生。转录基因沉默（transcriptional gene silencing，TGS）和启动子的甲基化有关，而转录后基因沉默（post-transcriptional gene silencing，PTGS）则和编码区的甲基化有关（Cao et al.，2013）。TGS 是指转基因在细胞核内 RNA 合成受到了阻止导致基因沉默，PTGS 是指转基因在细胞核中能够稳定地转录，但在细胞质中无对应的 mRNA 存在。

20~24 个 nt（核苷酸）siRNA 是基因沉默的关键组成部分（Kasai et al.，2016）。Molnar 等（2010）在拟南芥中发现了一种内源的 24nt siRNA，从接穗通过嫁接结合处到达砧木中的 3 个位点后，能直接指导受体基因组进行 DNA 甲基化来引起表观遗传变化。后续研究表明，可移动的 siRNA 在基因组数千个基因座广泛地作用于 RdDM，受体组织中转录组分析少数基因的特征与可移动的 siRNA 和 DNA 甲基化相关（Lewsey et al.，2016）。相反地，来自砧木的移动 siRNA 也能在接穗中诱导内源性转录后基因沉默，并且还发现来自接穗的 24nt siRNA 在砧木细胞中导致转录基因沉默（Melnyk et al.，2011）。另外，Dunoyer 等（2010）提供了 21nt siRNA 双链体在细胞中起到移动沉默信号的作用，研究表明来源于反向重复位点的内源 siRNA 均具有非细胞自主性，能够通过嫁接结合处进入到靶组织并通过 RdDM 等方式让受体基因组发生 DNA 甲基化，由此推测这是植物应对逆境的特殊机理，能够使受体基因组免受损伤，特别是对能够繁殖后代的细胞。

使用移动 RNA 的表观遗传编辑有可能在营养繁殖作物中培育人工芽变品种。Kasai 等（2016）先把人工设计的 siRNA 导入到本氏烟草接穗中，再通过嫁接来诱导马铃薯（*Solanum tuberosum*）砧木的转基因和内源基因的 TGS，结果表明该系统可以诱导马铃薯砧木的块茎形成靶基因的 TGS。从 NPBT 的角度对产品进行评估时，由此产生的马铃薯将免于转基因限制（Brian，2013）。此外，表观遗传修饰的马铃薯不会保留功能性 siRNA，所得植物不含任何重组 DNA。

2. miRNA 与嫁接诱导的表观遗传

miRNA 也称微 RNA，是真核生物中广泛存在的一种长度为 21~23nt 的非编码单链 RNA 分子，可通过与 mRNA 的结合，抑制 mRNA 的转录，因此在表观遗传修饰方面起重要作用。Tzarfati 等（2013）检测不同的柑橘品种砧穗之间 miRNA 的交流，发现 miRNA 的表达在嫁接诱导遗传变异中发挥了重要的作用。磷酸盐缺乏诱导的 miR399 在磷酸盐限制下浓度增加，在受体细胞中发挥其生物学功能（Pant et al.，2008）。miR395 也可以穿过嫁接部位传递，并在营养物质缺乏期间下调它的一个靶点（Buhtz et al.，2010）。调控植物从幼年向成年发育转变的 miR156 和 miR172，在嫁接后表达量减少，引起嫁接传递的马铃薯块茎产量增加（Bhogale et al.，2014；Martin et al.，2009）。

综合上述，我们提出嫁接逆境诱导的表观遗传行为产生变异可能的分子机理：砧木（或接穗）的 RNA 分子被转移到接穗（或砧木）中，介导受体基因组进行 DNA 甲基化修饰，进而调控接穗（或砧木）的基因表达，从而产生表观变异且可遗传的嫁接杂种。

参 考 文 献

陈红, 王永清. 2006. 番茄与茄子嫁接结合部位愈伤组织的 RAPD 分析. 园艺学报, (3): 565.

冯金玲, 杨志坚, 陈辉, 等. 2012. 油茶芽苗砧嫁接体愈合过程 AFLP 分析. 中南林业科技大学学报, 32(3): 141-146.

格鲁森科. 1953. 无性杂交对认识植物遗传上的价值. 游修龄译. 北京: 中国科学院编译局.

黄兴学, 周国林, 朱进, 等. 2012. 不同砧木和嫁接方式对嫁接苦瓜植株生长的影响. 长江蔬菜, (6): 31-32.

李俊星. 2013. 榨菜与紫甘蓝嫁接嵌合体后代叶形变异产生的分子机理及新种质的创制. 杭州: 浙江大学博士学位论文.

李森科. 1956. 农业生物学. 傅子帧译. 北京: 科学出版社.

李新玲, 徐香玲. 2008. 植物 DNA 甲基化与表观遗传. 中国农学通报, 24(1): 123-126.

刘用生. 1999. 果树嫁接杂交及其应用. 果树科学, 16(增刊): 20-26.

刘用生. 2000. 对“接穗郁李影响杏砧变异的实验”的解释. 遗传, 22(6): 401-402.

刘用生, 李保印, 李桂荣, 等. 2004. 嫁接杂交与果树遗传的特殊性. 遗传, 26(5): 705-710.
娄成后. 1980. 大蒜植株中细胞内含物由衰退叶片向尖端生长部位的循序转移. 北京农业大学学报, 7(2): 1-6.
娄成后. 1992. 高等植物的命脉——维管系统之谜. 植物生理学报, (1): 1-10.
娄成后, 邵莉楣, 段静霞. 1973. 高等植物衰老叶片中原生质的撤退现象以及原生质运动在有机物运输中可能具有的作用. 植物学报, 15(2): 204-216.
娄成后, 吴素萱, 张伟成. 1956a. 原生质在细胞间的运动与有机物质在植物体内运输. 植物生理学通讯, (5): 12-17.
娄成后, 吴素萱, 张伟成. 1962. 高等植物中原生质在细胞间运动的活体观察. 科学通报, (12): 52-54.
娄成后, 吴素萱, 张伟成, 等. 1956b. 大蒜中原生质的细胞间运动与有机物质的运输. 植物学报, 5(4): 345-362.
娄成后, 吴素萱, 张伟成, 等. 1957. Intercellular movement of protoplasm as a means of translocation of organic material in garlic. Scientia Sinica, 6(1): 139-157.
吕柳新, 林顺权. 1995. 果树生殖学导论. 北京: 中国农业出版社.
王崇英, 郑国锠. 1987. 洋葱雄配子发育过程中染色体数目变化与染色质胞间转移的关系. 植物学报, 29(3): 247-252.
王燕, 谢辉, 陈利萍. 2011. 植物嫁接诱导的遗传变异机理的研究进展. 遗传, (6): 585-590.
吴伯骥, 陈毅平, 崔亚玉, 等. 1991. 人工促使细胞间细胞质和染色质穿壁实现外源遗传物质导入途径的研究. 中国科学 B 辑, (2): 145-150.
吴素萱. 1955a. 细胞核穿壁运动现象的初步报告. 植物学报, 4(2): 91-100.
吴素萱. 1955b. 关于植物细胞核穿壁运动现象的问题. 植物学报, 4(3): 223-244.
吴素萱. 1958. 细胞核在体细胞间的穿壁运动. 植物学报, 7(1): 1-14.
吴素萱. 1959. Intercellular migration of nucleus in somatic tissues. Scientia Sinica, 8(8): 853-871.
于红. 2009. 表观遗传学: 生物细胞非编码 RNA 调控的研究进展. 遗传, 31(11): 1077-1086.
翟中和, 王忠喜. 2008. 细胞生物学. 第 3 版. 北京: 高等教育出版社: 457-458.
张伟成, 严文梅, 娄成后. 1984. 小麦衰退珠心中解体原生质向胚囊的迁移及其对增殖中反足细胞的哺育. 植物学报, 26(1): 11-18.
赵智勇. 2013. 不同植物嫁接体系的建立及嫁接诱导变异机制的初步研究. 新乡: 河南科技学院硕士学位论文.
郑国锠. 1955. 百合花粉母细胞中染色质胞间转移及新核形成的过程. 植物学报, 4(3): 223-232.
郑国锠, 聂秀菀, 陈尚文. 1987. 百合花粉母细胞染色质穿壁前次生胞间连丝形成的研究. 实验生物学报, 20(1): 1-5.
郑国锠, 聂秀菀, 王以秀, 等. 1980. 黑麦(*Secale cereale* L.)花粉母细胞间染色质穿壁转移与染色体数目改变的关系. 植物学报, 22(3): 216-220.
郑国锠, 聂秀菀, 王以秀, 等. 1985. 百合花粉母细胞间细胞融合期间腺苷三磷酸酶活性的细胞化学定位及其与染色质胞间转移的关系. 植物学报, 27(1): 26-32.
郑国锠, 聂秀菀, 杨庆兰, 等. 1964. 小孢子发生过程中花粉母细胞间染色质穿壁转移现象与机械损伤和固定液作用的关系. 植物学报, 12(4): 289-308.
郑国锠, 聂秀菀, 杨庆兰, 等. 1973. 花粉母细胞间染色质穿壁运动机理的探讨. 植物学报, 15(1):

53-63.
郑国锠, 王耀芝. 1956. 花粉母细胞中染色质穿壁转移现象普遍性与一致性. 植物学报, 5(4): 363-376.
郑国锠, 杨庆兰, 郑永人. 1982. 曼陀罗(*Datura stranonium* L.)花粉母细胞染色质穿壁转移的方式与染色体数目改变的关系. 植物学报, 24(2): 103-108.
朱肖艳. 2011. 嫁接对西瓜品质性状的影响及 AFLP 多态性分析. 开封: 河南大学硕士学位论文.
Adler M J. 2001. A novel mechanism for evolution? Science, 294(5540): 53-54.
Amzallag G N. 2004. Critical periods as fundamental events in life. Theory in Biosciences, 123(1): 17-32.
Bailey L H. 1920. Plant Breeding. New York: The Macmillan Company.
Baur E. 1910. Propfbastarde. Biologische Zentralblatt, 30: 497-514.
Bhogale S, Mahajan A S, Natarajan B, et al. 2014. *MicroRNA156*: a potential graft-transmissible microRNA that modulates plant architecture and tuberization in *Solanum tuberosum* ssp. *andigena*. Plant Physiology, 164: 1011-1027.
Borges F, Martienssen R A. 2015. The expanding world of small RNAs in plants. Nature Reviews Molecular Cell Biology, 16: 727-741.
Boyko A, Kovalchuk I. 2008. Epigenetic control of plant stress response. Environmental & Molecular Mutagenesis, 49(1): 61-72.
Brian H. 2013. Europe should rethink its stance on GM crops. Nature, 498(7455): 409.
Buhtz A, Pieritz J, Springer F, et al. 2010. Phloem small RNAs, nutrient stress responses, and systemic mobility. BMC Plant Biology, 10: 64-77.
Burge G K, Morgan E R, Seelye J F. 2002. Opportunities for synthetic plant chimeral breeding: past and future. Plant Cell, Tissue Organ Culture, 70(1): 13-21.
Byatt J I, Ferguson I K, Murray B G. 1977. Intergeneric hybrids between *Crataegus* L. and *Mespilus* L.: a fresh look at an old problem. Botanical Journal of the Linnean Society, 74(4): 329-343.
Calderwood A, Kopriva S, Morris R J. 2016. Transcript abundance explains mRNA mobility data in *Arabidopsis thaliana*. The Plant Cell, 28: 610-615.
Cao X, Aufsatz W, Zilberman D, et al. 2003. Role of the *DRM*, and *CMT3*, methyltransferases in RNA-directed DNA methylation. Current Biology, 13(24): 2212-2217.
Cerera M, Juarez J, Navarro A, et al. 1998. Genetic transformation and regeneration of mature tissues of woody fruit plants by passing the juvenile stage. Transgenic Research, 7(1): 51-59.
Chen L P, Ge Y M, Zhu X Y. 2006. Artificial synthesis of interspecific chimeras between tuber mustard(*Brassica juncea*)and cabbage(*B. oleracea*)and cytological analysis. Plant Cell Reports, 25(9): 907-913.
Chinnusamy V, Zhu J K. 2009. Epigenetic regulation of stress responses in plants. Current Opinion in Plant Biology, 12(2): 133.
Chitwood D H, Timmermans M C. 2010. Small RNAs are on the move. Nature, 467: 415-419.
Darwin C. 1883. The Variation of Animals and Plants Under Domestication. New York: D. Appleton & Co.
Di C, Yuan J, Wu Y, et al. 2014. Characterization of stress-responsive lncRNAs in *Arabidopsis thaliana* by integrating expression, epigenetic and structural features. Plant Journal for Cell and Molecular Biology, 80(5): 848.
Duan X, Zhang W, Huang J, et al. 2015a. PbWoxT1 mRNA from pear (*Pyrus betulaefolia*) undergoes long-distance transport assisted by a polypyrimidine tract binding protein. New Phytologist, 210:

511-524.
Duan X, Zhang W, Huang J, et al. 2015b. *KNOTTED1* mRNA undergoes long-distance transport and interacts with movement protein binding protein 2C in pear (*Pyrus betulaefolia*). Plant Cell, Tissue and Organ Culture, 121: 109-119.
Dunoyer P, Brosnan C A, Schott G, et al. 2010. Retracted: an endogenous, systemic RNAi pathway in plants. Embo Journal, 29(10): 1699-1712.
Flavell A J. 1995. Retroelements, reverse transcriptase and evolution. Comparative Biochemistry & Physiology Part B Biochemistry & Molecular Biology, 110(1): 3-15.
Fragoso V, Goddard H, Baldwin I T, et al. A simple and efficient micrografting method for stably transformed *Nicotiana attenuata* plants to examine shoot-root signaling. Plant Methods, 7: 1-8.
Fuentes I, Stegemann S, Golczyk H, et al. 2014. Horizontal genome transfer as an asexual path to the formation of new species. Nature, 511(7508): 232-235.
Gabriel A, Teng S C. 1998. LCMV cDNA formation: which reverse transcriptase is responsible? Trends Genetics, 14(6): 220-221.
Glushchenko I E, Nedesheva G N, Avetisova L V. 1988. Cell engineering *in vivo* in some vegetable crops. Plant Breeding Abstracts, 58(7): 670-671.
Guimil S, Dunand C. 2006. Patterning of *Arabidopsis* epidermal cells: epigenetic factors regulate the complex epidermal cell fate pathway. Trends in Plant Science, 11(12): 601-609.
Gurdon C, Svab Z, Feng Y, et al. 2016. Cell-to-cell movement of mitochondria in plants. Proceedings of the National Academy of Sciences of the United States of America, 113(12): 3395-3400.
Haque A, Yamaoka N, Nishiguchi M. 2007. Cytosine methylation is associated with RNA silencing in silenced plants but not with systemic and transitive RNA silencing through grafting. Gene, 396(2): 321-331.
Hirata Y, Motegi T, Takeda Y, et al. 2001. Induction of cytoplasmic male sterility in the seed progeny derived from artificially-synthesized interspecific chimera in *Brassica*. Euphytica, 117(2): 143-149.
Hirata Y, Noguchi T, Oguni S, et al. 1994. Genetic constitution of germ cells in intervarietal and interspecific chimeras of *Brassica* induced by *in vitro* grafting. Theoretical and Applied Genetics, 89(2): 249-264.
Hirata Y, Ogata S, Kurita S, et al. 2003. Molecular mechanism of graft transformation in *Capsicum annuum* L. Acta Horticulturae, 625(625): 125-130.
Hirata Y, Yagishita N, Sugimoto M, et al. 1990. Intervarietal chimera formation in cabbage(*Brassica oleracea* L.). Japanese Journal of Breeding, 40(4): 419-428.
Kasai A, Bai S, Hojo H, et al. 2016. Epigenome editing of potato by grafting using transgenic tobacco as siRNA donor. PLoS One, 11(8): e0161729.
Khaldun A B, Huang W, Lv H, et al. 2016. Comparative profiling of miRNAs and target gene identification in distant-grafting between tomato and *Lycium* (Goji Berry). Frontiers in Plant Science, 7: 1-18.
Kim G, LeBlanc M L, Wafula E K, et al. 2014. Genomic-scale exchange of mRNA between a parasitic plant and its hosts. Science, 345: 808-811.
Kim M, Canio W, Kessler S, et al. 2001. Developmental changes due to long-distance movement of homeobox fusion transcript in tomato. Science, 293(5528): 287-289.
Körpe D A, İşerİ Ö D, Şahİn F İ, et al. 2012. Determination of genetic stability of tomato, (*Lycopersicon esculentum* Mill.) grafted on tobacco (*Nicotiana tabacum* L.) by random amplified polymorphic DNA analysis. Journal of the Faculty of Agriculture of Harran University,

16(2): 37-44.

Kumar A, Bennetzen J L. 1999. Plant retrotransposons. Annual Review of Genetics, 33(1): 479-532.

Lewsey M G, Hardcastle T J, Melnyk C W, et al. 2016. Mobile small RNAs regulate genome-wide DNA methylation. Proceedings of the National Academy of Sciences of the United States of America, 113: 801-810.

Li J X, Wang Y, Zhang L L, et al. 2013. Heritable variation and small RNAs in the progeny of chimeras of *Brassica juncea* and *Brassica oleracea*. Journal of Experimental Botany, 64(16): 4851-4862.

Liu Y S, Wang Q L, Li B Y. 2009. New insights into plant graft hybridization. Heredity, 104(1): 1-2.

Lu S, Sun Y H, Shi R, et al. 2005. Novel and mechanical stress-responsive MicroRNAs in *Populus trichocarpa* that are absent from *Arabidopsis*. Plant Cell, 17(8): 2186-2203.

Marcotrigiano M. 1997. Chimeras and variegation: patterns of deceit. Hortscience, 32(5): 773-784.

Marcotrigiano M. 2001. Genetic mosaics and the analysis of leaf development. International Journal of Plant Sciences, 162(3): 513-525.

Marcotrigiano M, Bernatzky R. 1995. Arrangement of cell layers in the shoot apical meristem of periclinal chimeras influences cell fate. Plant Journal, 7(2): 193-202.

Martin A, Adam H, Dıaz-Mendoza M, et al. 2009. Graft-transmissible induction of potato tuberization by the microRNA miR172. Development, 136: 2873-2881.

Melnyk C W, Molnar A, Bassett A, et al. 2011. Mobile 24 nt small RNAs direct transcriptional gene silencing in the root meristems of *Arabidopsis thaliana*. Current Biology, 21: 1678-1683.

Michurin I V. 1949. Selected Works. Moscow: Foreign Languages Publishing House.

Molnar A, Melnyk C W, Bassett A, et al. 2010. Small silencing RNAs in plants are mobile and direct epigenetic modification in recipient cells. Science, 328(5980): 872-875.

Morton A G. 1951. Soviet Genetics. London: Lawrence & Wishart.

Neilson-Jones W. 1969. Plant Chimeras. 2nd ed. London: Methuen.

Ohta Y. 1991. Graft-transformation, the mechanism for graft-induced genetic changes in higher plants. Euphytica, 55(1): 91-99.

Pandey K K. 1976. Genetic transformation and “graft-hybridization” in flowering plants. Theoretical and Applied Genetics, 47(6): 299-302.

Pant B D, Buhtz A, Kehr J, et al. 2008. MicroRNA399 is a long-distance signal for the regulation of plant phosphate homeostasis. Plant Journal, 53: 731-738.

Paultre D S G, Gustin M P, Molnar A, et al. 2016. Lost in transit: long-distance trafficking and phloem unloading of protein signals in *Arabidopsis* homografts. The Plant Cell Online, 28: 2016-2025.

Perlman P S, Boeke J D. 2004. Ring around the retroelement. Science, 303(5655): 182-184.

Peterson-Burch B D, Wright D A, Laten H M, et al. 2000. Retroviruses in plants? Trends in Genetics, 16(4):151-152.

Reinhart B J, Weinstein E G, Rhoades M W, et al. 2002. MicroRNAs in plants. Genes & Development, 16(13): 1616-1626.

Spiegelman Z, Ham B K, Zhang Z, et al. 2015. A tomato phloem-mobile protein regulates the shoot-to-root ratio by mediating the auxin response in distant organs. Plant Journal, 83: 853-863.

Steele E J, Blanden R V. 2000. Lamarck and antibody genes. Science, 288(5475): 2318-2319.

Stegemann S, Bock R. 2009. Exchange of genetic material between cells in plant tissue grafts. Science, 324(5927): 649-651.

Stegemann S, Keuthe M, Greiner S, et al. 2012. Horizontal transfer of chloroplast genomes between plant species. Proceedings of the National Academy of Sciences of the United States of America, 109(7): 2434-2438.

Stroun M, Anker P, Maurice P, et al. 1977. Circulating nucleic acid in higher organisms. Int Rev Cytol, 51(51): 1-48.

Sunkar R, Zhu J K. 2001. Novel and stress-regulated microRNAs and other small RNAs from *Arabidopsis*. Plant Cell, 16(8): 2001-2019.

Swingle C F. 1927. Graft hybrids in plants. Journal of Heredity, 18: 73-94.

Taller J, Hirata Y, Yagishita N, et al. 1998. Graft-induced genetic changes and the inheritance of several characteristics in pepper(*Capsicum annuum* L.). Theoretical and Applied Genetics, 97(5): 705-713.

Taller J, Yagishita N, Hirata Y. 1999. Graft-induced variants as a source of novel characteristics in the breeding of pepper(*Capsicum annuum* L.). Euphytica, 108(2): 73-78.

Thieme C J, Rojas-Triana M, Stecyk E, et al. 2015. Endogenous *Arabidopsis* messenger RNAs transported to distant tissues. Nature Plants, 1: 1-7.

Tilney-Bassett R A E. 1986. Plant Chimeras. London: Edeard Arnold.

Tzarfati R, Ben-Dor S, Sela I, et al. 2013. Graft-induced changes in microRNA expression patterns in *Citrus* leaf petioles. Open Plant Science Journal, 7(1): 17-23.

Wang J, Jiang L, Wu R. 2016. Plant grafting: how genetic exchange promotes vascular reconnection. New Phytologist, 214: 56-65.

Wang Y, Cheng Q, Zhu X Y, et al. 2011. Studies on reproductive characteristics of an interspecific chimera between *Brassica juncea* and *Brassica oleracea*. Plant Cell Tiss Organ Cult, 104(2): 209-215.

Winkler H. 1907. Description of *S. nigrolycopersicum* and method of obtaining graft hybrids. Berlin Deutlich Botany Gestiegen, 25: 568-576.

Wu R, Wang X, Lin Y, et al. 2013. Inter-species grafting caused extensive and heritable alterations of DNA methylation in *Solanaceae* plants. PLoS One, 8: e61995.

Xoconostle-Cazarers B, Xiang Y, Ruiz-Medrano R, et al. 1999. Plant paralog to viral movement protein that potentiates transport of mRNA into the phloem. Science, 283(5398): 94-98.

Zhang D H, Meng Z H, Xiao W M, et al. 2002. Graft-induced inheritable variation in mungbean and its application in mungbean breeding. Acta Botanica Sinica, 44(7): 832-837.

Zhang W C, Yan W M, Lou C H. 1990. Intercellular movement of protoplasm *in vivo* in developing endosperm of wheat caryopses. Protoplasma, 153(3): 193-203.

Zhou J M, Hirata Y, Nou I S, et al. 2002. Interactions between different genotypic tissue in *Citrus* graft chimeras. Euphytica, 126(3): 355-364.

第七章　一些栽培植物的嫁接杂种及命名

第一节　嫁接杂种的命名

同一种植物的名称多种多样，既有不同文字的名称，同一文字下也有普通名称、俗名、土名、异名和商业名称等。正因为植物品种命名不统一，造成大量同物异名和同名异物现象等问题，导致很多沟通障碍和误解，妨碍了学术交流。

植物的学名（scientific name）既不是用当今世界上使用范围最广的英语所写的名称，也不是当今世界上使用人数最多的汉语所写的名称，而是用一种被认为是死语言的拉丁语所写的名称，它是国际植物学界进行交流的标准用名，其他的名称都不算数。对栽培植物来说，命名的国际准则有 2 个：《国际植物命名法规》（*International Code of Botanical Nomenclature*，ICBN）和《国际栽培植物命名法规》（*International Code of Nomenclature for Cultivated Plants*，ICNCP）。对于农业、林业和园艺等领域的栽培植物而言，ICBN 按照界、门、纲、目、科、族、属、组、系、种、变种和变型 12 个主要等级管理其在分类上的命名；而 ICNCP 按照品种、品种群和杂交群 3 个等级管理其在育种上的命名。因此，栽培植物的命名，必须首先符合 ICBN 的规定，再按照 ICNCP 的规定进行命名，才合法有效。所以，只有对这 2 个法规都熟悉，才能做好栽培植物的分类和命名工作（刘龙昌，2010）。

ICNCP 第 1 版已于 1953 年问世，并先后于 1958 年、1961 年、1969 年、1981 年、1995 年、2004 年和 2009 年经过了 7 次修订，出了 8 个版本。值得一提的是，1995 年 ICNCP 第 6 版及以前版本一直承认嫁接嵌合体这个分类等级，但 2004 年第 7 版和 2009 年第 8 版的法规取消了它（臧德奎和向其柏，2006；国际生物科学联盟栽培植物命名法委员会，2013）。ICBN 和 ICNCP 对嫁接嵌合体的定义、属名写法和命名方法做了详细规定，说明嫁接嵌合体已得到国际植物学家的公认。嫁接嵌合体作为嫁接杂种的一种类型，为公众接受嫁接杂种打开了突破口。

一、嫁接嵌合体的命名

嫁接嵌合体（graft-chimera）是在嫁接部位长出具有新性状的植物，包含两种或者多种不同植株的营养体组织，它不是天然的突变嵌合体，也不是有性杂交种。

在未按 ICBN 和 ICNCP 的规定对嫁接嵌合体进行正式命名之前，往往有很多不同的非正式命名方式。研究者多以砧木和接穗的名称合并或减并命名（例如，‘枸合橘’和‘毛健杨’），或者以接穗的名称命名（例如，‘毛白杨’嫁接嵌合体），或者参考嫁接组合的命名规则暂定一个名称（例如，‘西+加杨’），或者根据嫁接嵌合体的特点命名（例如，‘怪异橙’），也有按发现地命名的（例如，‘深州杨’），也有使用品种名的（例如，‘早蜜橙’）。

嫁接嵌合体的正式命名，可由一个表达式或一个拉丁语形式的名称表示。值得注意的是，嫁接嵌合体的属名是两个属名连在一起合成的，发表不需要描述，也不需要指定命名范式（彩色照片或手绘图）并引证范式的收藏机构（国际栽培品种登录权威机构或公共植物标本馆）。如果嫁接嵌合体符合 ICNCP 对品种的要求，可以利用品种加词写出品种名称（国际生物科学联盟栽培植物命名法委员会，2013）。

和其他栽培品种的命名一样，嫁接嵌合体的命名，需要按照 ICNCP 的详细规定经历“发表—建立—接受”的过程，此外还有名称的重新启用和废弃等规定，ICNCP 就长达 200 余页，而且命名还要兼顾 ICBN 的规定，因此想象中简单的命名问题，实则相当复杂。

（一）表达式形式的名称

嫁接嵌合体可由一个表达式表示，无论其是属间嫁接嵌合体还是属内嫁接嵌合体。该表达式由一个按字母顺序排列的、组成该嵌合体的分类单位名称（采用斜体拉丁名）之间以加号（+）连接构成（“+”两侧必须各有一个空格）。例如，柑橘属与枳属的嫁接嵌合体可用表达式表示为 *Citrus reticulata* + *Poncirus trifoliata*（吴洪明等，2004），什锦丁香和欧洲丁香的嫁接嵌合体可用表达式表示为 *Syringa* × *chinensis* + *S. vulgaris*（国际生物科学联盟栽培植物命名法委员会，2013）。

（二）拉丁语形式的名称

嫁接嵌合体的命名可由一个拉丁语形式的名称表示，属名前如果带有“+”即为属间嫁接嵌合体，属名前没有“+”则为属内嫁接嵌合体（靳晓白，2015）。

1. 属内嫁接嵌合体的拉丁名

如果嫁接嵌合体形成了品种，且嫁接亲本属于同一个属时，该嫁接嵌合体的名称由属名后加上品种加词组成。品种加词采用发现者的人名或发现地的地名，使用的每一个词首字母必须大写且为正体，并用单引号括起来，而且不能在品种加词前面使用加号。例如，茶梅品种 *Camellia sasanqua*‘Maiden’s Blush’

和山茶品种 *Camellia japonica*（山茶）形成属内嫁接嵌合体栽培品种 *Camellia* 'Daisy Eagleson'，还有 *Syringa* × *chinensis*（什锦丁香，一个杂交种）和 *Syringa vulgaris*（欧洲丁香）之间形成的属内嫁接嵌合体栽培品种 *Syringa* 'Correlata'，不能写成 *Syringa* + 'Correlata'（国际生物科学联盟栽培植物命名法委员会，2013）。

2. 属间嫁接嵌合体的拉丁名

ICBN 管理植物的拉丁名，但属间嫁接嵌合体的属名除外，完全由 ICNCP 管理；属间嫁接嵌合体属名的命名起点始于林奈在 1753 年 5 月 1 日出版的两卷《植物种志》（国际生物科学联盟栽培植物命名法委员会，2013）。一般遵循优先权原则，最早且有效发表而建立的名称为接受名称；一个分类群只有一个接受名称，其他的名称都是异名（靳晓白，2015）。

不同属的植物嫁接形成的嫁接嵌合体，可以按照 ICNCP 给以拉丁语形式的嫁接嵌合体属名（把一个属名的一部分与另外一个属名的全部，中间用一个元音字母连接起来，前置表示其属间嫁接性质的符号"+"），这样构成的属名不能与根据 ICBN 而建立的杂交属的名称相同（刘龙昌，2010）。例如，+ *Crataegomespilus*（山楂欧楂属）是 *Crataegus*（山楂属）与 *Mespilus*（欧楂属）之间嫁接嵌合体的名称，而× *Crataemespilus* 是按照 ICBN 建立的这两属之间杂交属的名称（国际生物科学联盟栽培植物命名法委员会，2013）。

属间嫁接嵌合体品种的名称，由该属名后面加上品种加词构成。例如，吴洪明等（2004）报道了+ *Citroponcirus* 'Hormish' 是 *Citrus reticulata*（柑橘属）和 *Poncirus trifoliata*（枳属）之间的一个属间嫁接嵌合体的名称。此外，他们还统计了已经报道且带有拉丁名称的属间嫁接嵌合体有 5 个，并确定蝶形花科'亚当金雀花'+ *Laburnocytisus* 'Adamii'（Poiteau，1830）是最早报道的植物属间嫁接嵌合体；已经报道但未正式命名的属间嫁接嵌合体有 7 个，其中有 6 个是茄科的属间嫁接嵌合体。

需要注意的是，两个相同的属之间可能形成不同的嫁接嵌合体，可以通过加词进行区分。例如，+ *Crataegomespilus* 'Dardarii' 和+ *Crataegomespilus* 'Jules d'Asnieres' 是两个外观显著不同的栽培植物，但它们都是 *Crataegus monogyna* 和 *Mespilus germanica* 之间的嫁接嵌合体（国际生物科学联盟栽培植物命名法委员会，2013）。

二、非嵌合体嫁接杂种的命名

至于非嵌合体嫁接杂种，包括嫁接蒙导杂种和嫁接有性杂种，由于目前

ICNCP 中尚无明确规定，因此尚无统一的命名规则。研究者多以砧木和接穗的名称合并或减并命名（例如，嫁接蒙导杂种蓖麻棉和嫁接有性杂种枸杞辣椒），或者参考嫁接组合的命名规则暂定一个名称（例如，‘米卡多’/‘金皇后’、‘金皇后’/‘费卡拉基’、‘高尔琴’/‘墨西哥 353’等番茄嫁接蒙导杂种），也有按研究者名字命名的（例如，‘继军麦 1 号’嫁接蒙导杂种），通过审定或鉴定的嫁接杂种可以用品种名（例如，‘国豆 1 号’大豆嫁接蒙导杂种、‘薯麦 1 号’和‘薯麦 2 号’等小麦嫁接蒙导杂种）。

第二节　一些农作物的嫁接杂种

一、棉花嫁接杂种

蓖麻棉是湖北省黄梅县胡三女（1973）以蓖麻作砧木，以鄂光棉作接穗培育而成的。方法是：用小刀轻轻削去子叶未展开阶段的棉花接穗根部表皮，削成圆锥形，再用小刀将初现真叶的蓖麻砧木的叶片切去，在茎的横断面上用木签向下扎一个 2cm 深的小洞，将棉花接穗插入小洞中即可。接好后要适当遮阴，防止失水而死亡。所培育的蓖麻棉株型直立，有圆锥型、圆筒型、短果枝型三类。一般株高 1m，节间紧凑，果枝短（8～10cm），每果枝不超过 3 节，出现双蕾或多蕾现象；果枝顶端有 3～4 个花蕾，结铃性强，开花集中，一次同时开花 4～5 朵，最多达 12 朵；伏前桃、伏桃占 60%～70%；桃大，单铃重 5g，最大达 6～7g；大田栽培单株成桃 40 个以上，最多达 70 个；吐絮早而集中，90%为霜前花，纤维长度为 28～30mm。叶片大而厚，叶宽大于叶长；主秆、叶柄、叶片均有白色短茸毛；抗病性强，耐寒，比鄂光棉早出土 3～5 天，能一次全苗；耐旱、耐肥，蕾铃脱落较少，但衣分及纤维长度较鄂光棉稍低；亩产皮棉 125kg。另据全国农业劳动模范李福成（1950）介绍，河北省束鹿县（现今为辛集市）有位农民也把棉花嫁接到蓖麻上，所结的棉铃大，抗病且抗蚜虫。

1950 年，前华东农科所用海岛棉与陆地棉‘岱字棉 14 号’嫁接，以‘岱字棉 14 号’蒙导海岛棉，后代经多次选择，于 1954 年育成‘长绒 3 号’海岛棉品种。这是国内培育出的第一个一年生的海岛棉品种，其纤维长达 40mm，且成熟期不晚于陆地棉；其抗病性强，产量、品质优于新引进的海岛棉品种（江苏省地方志编纂委员会，2007）。研究工作后因全国长绒棉生产向新疆棉区发展而停顿。另据报道，董吉田等（2016）将陆地棉成功地嫁接到木槿上，有一株嫁接苗已经结出了棉桃，将其命名为‘木槿棉 1 号’，但未能说明接穗产生了什么变异，是否能判定为嫁接杂种还有待于进一步研究。

二、小麦嫁接杂种

小麦品种‘石槐一号’是 1965 年河北省石家庄市槐底村农民用‘石家庄 63’小麦作接穗，用‘多穗白’高粱作砧木嫁接培育而成的（佚名，1971）。具体方法是：先将‘石家庄 63’小麦和‘多穗白’高粱的种子同时浸泡半天，捞出来放在温度保持在 25～30℃的湿布上催芽。当种子的幼芽刚刚萌芽时，用刀片把小麦和高粱的胚都切下来，并把小麦的胚嫁接到高粱种子的切口上。接好的种子可以直接播在土壤中。‘石槐一号’小麦喜水、耐肥、抗倒、抗病，比亲本‘石家庄 63’小麦抗冻。还具有白壳、长芒、纺锤形穗等特点，属于半冬性品种。株高 85～100cm，分蘖力特强，成穗率高，每穗粒数 40～42 个，千粒重 40～42g。平均亩产 350～400kg。缺点是籽粒饱满度差。

黑龙江省合江农业科学研究所将春小麦的胚嫁接到‘合江 2 号’水稻的胚乳上，培育出了‘合麦 4 号’小麦。幼苗似水稻，叶片宽大，穗大粒大，千粒重比亲本大 5～6g，产量增加 11.2%（江幼农，1955）。

河南省商丘市农科所孟昭璜研究员以‘豫麦 18’为接穗，甘薯为砧木，利用远缘嫁接为商丘市国佳农业科技有限公司育出小麦新品种‘薯麦 1 号’（农业植物新品种权授权号 CNAZ0040511.x）、‘薯麦 2 号’（农业植物新品种权授权号 CNAZ004512.8）等 2 个小麦新品种。其中，‘薯麦 1 号’株高 76～80cm，穗粒数 60～80 粒，千粒重 63g，每亩成穗在 26 万穗左右。‘薯麦 2 号’株高 78～82cm，穗粒数 70～90 粒，千粒重 58g，每亩成穗在 26 万穗左右，该品种植株粗壮，抗倒伏、抗病、抗寒和抗旱能力强。2004 年 10 月该品种在大田粗放式种植，比对照（常规种）增产 20%～40%。据农业部谷物品质监督检验测试中心检验，‘薯麦 1 号’和‘薯麦 2 号’粗蛋白含量分别为 16.64%和 16.82%，高于国家优质麦标准。

安徽省界首市昊坤农作物种植专业合作社郭继军（2012）利用‘京薯 6 号’（紫薯）为砧木，‘豫麦 14 号’为接穗，培育出小麦新品系；再用该新品系为接穗，刀豆为砧木，即可培育出稳定的小麦新品种。通过两次远缘嫁接后获得了小麦新品种‘继军麦 1 号’，该品种为半冬性，株高 70～75cm，穗长 12cm 左右，单穗 45～50 粒，亩穗数 32 万～35 万，千粒重 52～55g，蛋白质含量在 16%左右，属优质小麦品种。

三、水稻嫁接杂种

江西省广昌县农科所为了选育耐寒性强的早稻品种，1970 年以早稻品种‘龙革7号’作接穗，小麦品种‘阿夫’为砧木，采用胚接法进行嫁接，获得1株变异株，现已繁殖7代。该株系矮小，约50cm，叶色深绿、挺直，分蘖强，茎秆粗，穗形紧，有似小麦双朵颖花并列，谷小短圆，内外颖分明，结实很差，有待进一步研究（佚名，1978）。

江西省农业科学院将稻谷芽嫁接到蚕豆胚上，首先无性培育成功‘80313’（晚籼），再培育成功高蛋白‘86413’蚕豆嫁接稻（晚籼），后者蛋白质含量高达13.56 %。1990～1994年，在省内外23处81个点，连年试种132 149亩，结果表明，其品质优良，出穗率81.25%，精米率70.5%，直链淀粉含量21.53%，糊化温度7级，平均亩产达687.4kg（李如白，1995）。

四、烟草嫁接杂种

2009年，德国马普植物分子生理研究所的研究人员在世界顶级刊物 *Science* 上发文报道，烟草嫁接会导致遗传信息以大片段 DNA 或完整的质体基因组进行交流，且这种基因转移只限于接穗和砧木之间的接触部位，并且基因转移导致的变异只有通过侧枝形成才能得到遗传（Stegemann and Bock，2009）。后来，Stegemann 等（2012）又发现整个叶绿体基因组在砧木和接穗细胞之间转移，并通过对嫁接结合部进行组织培养获得烟草杂种。

2014年，他们又在世界顶级刊物 *Nature* 上报道利用构建的细胞核基因组中分别携带卡那霉素抗性基因 *nptII*（和黄色荧光报道基因 *YFP*）的粉蓝烟草（*Nicotiana glauca*，2*n*=24，木本物种）Nt-kan：yfp 品系和潮霉素抗性基因 *hpt* 的普通烟草（*Nicotiana tabacum*，4*n*=48，草本物种）Nt-hyg 品系互相嫁接，接穗和砧木融合后，嫁接部位被切除用于组织培养，在培养基上同时加入卡那霉素和潮霉素进行筛选，培养出具有双重抗性的植株及其后代，并证明整个细胞核基因组在砧穗细胞间转移而非发生了细胞融合，由此得到了砧木和接穗细胞核基因组叠加的新的多倍体烟草（6*n*=72），命名为 *Nicotiana tabauca*（Fuentes et al.，2014），这一成果引起学术界的轰动。

2016年，美国新泽西州立罗格斯大学的研究人员将含波缘烟草（*Nicotiana undulata*）、雄性不育线粒体的普通烟草和可育的林生烟草（*Nicotiana sylvestri*）嫁接，通过监测从嫁接接合处再生植株（嫁接杂种）花的育性，探测到罕见的线粒体 DNA（mtDNA）从林生烟草转移到普通烟草，使其恢复了育性（Gurdon et al.，2016），证明了通过嫁接可培育转 mtDNA 的烟草杂种。

五、大豆嫁接杂种

从1953年起，黑龙江省合江农业科学研究所进行了大规模的大豆嫁接杂交育种工作，育成了许多大豆品种，如以‘孙吴平顶黄’大豆为砧木、‘丰地黄’大豆为接穗育成的‘合丰15号’，平均增产12.1%；再如‘合接8号’‘合接10号’等也已推广应用（江幼农，1955）。庞士铨和吴景锋（1963）报道，黑龙江省农民育种家张保将大豆嫁接到蓖麻（大戟科）上，所选育出的大豆含油量提高。河南省商丘市国佳农业科技有限公司聘请从商丘市农林科学院退休的孟昭瓒研究员从事作物远缘嫁接研究，发明了将大豆嫁接到山药（薯蓣科）或蓖麻培育大豆新品种的方法，于2006年3月15日获得国家发明专利授权（孟昭瓒，2006）。其中，利用蓖麻与大豆嫁接培育出的‘国豆1号’大豆新品种，于2010年3月1日获得农业植物新品种权（授权号CNA2005-0612.9）。潘相文等（2012）将大豆分别嫁接到了生姜、南瓜、葫芦、番茄、洋姜、马铃薯、甘薯和蓖麻上，发现87.5%的嫁接组合产生了与砧木类型明显相关的突变性状，接穗后代出现了抗倒伏、植株高大或矮化、多分枝、高蛋白、高油、晚熟和丰产类型等突变，为进一步选育大豆新品种提供了丰富的种质资源。

六、其他农作物的嫁接杂种

山东省曹县梁堤头镇柳园村村民用牵牛花与‘北京553’甘薯嫁接，育成‘曹杂1号’甘薯品种，比原品种增产2倍，且品质好（佚名，1973）。孟昭瓒和芦翠乔（1989）将绿豆嫁接在南瓜或甘薯上，并分别培育出了‘南绿1号’和‘薯绿2号’绿豆新品系；Zhang等（2002）将该薯绿豆种子连续几代播种，发现其后代中出现明显的遗传变异；孟昭瓒还利用蓖麻与油菜嫁接培育出了‘蓖麻油菜’新品系，利用甘薯与谷子嫁接培育出了‘甘薯谷’谷子新品系等作物新品种（任远飞，2006）。

此外，还有大量关于农作物的远缘嫁接杂种将在第八章介绍。

第三节　一些园艺植物的嫁接杂种

一、几种果树的嫁接杂种

（一）梨苹果（莱茵特·别尔加摩特）

这是米丘林记载的获得嫁接杂种的一个典型例子。1893年，米丘林曾将‘六百克安托诺夫卡’（Антоновка местисотграммвая）苹果中的圆形种子取出进行播种，在实生苗中发现叶片圆形、叶背茸毛多、栽培性状明显优良的单株。1894年，米丘林将该实生苗上的芽取下，高接在三年生的野生梨树冠上。苹果接穗在野生梨砧木的影响下，叶背的茸毛逐年减少。1896年春，野生梨砧木突然感染病害。为了挽救患病的植株，并保存接穗因野生梨影响而获得的变异，米丘林将砧木曲伏于地面进行压条繁殖。压条后，砧穗结合部位开始生根，并在1898年首次结出了果实。

第一次结果时的叶片形状和叶面，与开始嫁接在野生梨砧木上有很大的改变。叶片变大，形状与苹果相似，但叶的边缘完全像梨树；叶背茸毛变浓，新梢上也长出了茸毛。第一次结的果实具有梨形外观，且果梗粗而短，旁边附带一绿色突起。果梗不像一般苹果那样长在浅的梗洼内，却歪倒地长在一个明显非对称的绿色突起上，正像‘别尔加摩特’（Bergamotte）梨一样，所以就把这个品种定名为‘莱茵特·别尔加摩特’（Reinette Bergamotte，Reinette在法语中意为“一种芬芳甜脆的红色斑皮苹果”），它的果实形状和色泽像梨的成分比像苹果的成分多。果实的突起处及其附近的部分是有光泽的鲜绿色；果肉坚实而脆，极为香甜，略带酸味；果实可以贮藏到翌年4月。在第一次结的果实中，种子圆而大但不发芽。在以后各年内果实的形状发生了改变，逐渐接近苹果的正常形状了，但果梗着生部分的绿色突起这个性状，不仅在以后无性繁殖时能保存下来，而且当梨苹果与其他苹果品种进行有性杂交时，也能传递给后代。在米丘林育成梨苹果第一次开花结实后的37年间，他的学生伊沙耶夫以梨苹果为父本与不同的苹果品种进行有性杂交，从实生苗中发现许多植株所结的果实具有梨苹果的短粗果柄，生长在高的绿色乳状突起上，颜色黄褐而阳面带鲜红色是这些‘别尔加摩特’梨特有的形态特征。

1946年，日本北海道农民田村将苹果嫁接在梨上，也育成了梨苹果的嫁接杂种，它的特点是提早成熟约半个月（松蒲一，1957）。

（二）李与杏的嫁接杂种

苏联敖德萨工学院（Одесского технологического института）讲师多姆波罗夫斯基（Домбровский Г. Д.）是一个园艺爱好者，1930年他在自己的别墅地上，栽植了一些三年生的杏树营养苗。经过几年，果树开始结果了。1941年，他对其中一株进行了更新，锯去高于主枝基部不多的所有树干。长成的新枝条已经结果，虽然产量还不很稳定。1948年夏季，多姆波罗夫斯基在这株树上芽接了李，它的枝条已连续多年大量结果。

1955年7月，多姆波罗夫斯基从这株嫁接杏树上极为惊讶地发现，一根早已结果（13～14年生）的、并未嫁接过李树的老枝基部长出了粗如筷子的李树新梢，这个新梢出现在李树接穗枝条的同一方向，但高于嫁接处23cm。1956年10月再次观察发现，从杏树上产生出来的李枝条基部加粗很少，大部分组织在颜色上属于李树组织（在刻伤时看到的），但又不同于李树接穗枝条基部的愈伤组织，还明显地看到了玫瑰至黄色的杏树组织和部分转化为李树组织——带淡绿色彩的白色过渡边界（多尔古辛，1958）。

第五章第二节中提到一个极为类似的事例，我国陕西省咸阳市渭城中学范盛尧（1999）报道：1965 年他将成年郁李的芽嫁接到一年生杏树实生苗上，在接穗的蒙导下，1980 年将杏砧断根后蘖生出了酷似郁李的枝条，5 年后该蘖生枝条生长定型，经形态鉴定为郁李与杏的嫁接杂种（刘用生，2000）。

（三）紫叶李与绿叶李的嫁接杂种

1893 年，美国著名植物育种家布尔班克将从法国寄来的‘紫叶’李接穗嫁接到一株老龄的‘克尔赛氏’李上。当年，‘紫叶’李接穗没有开花。第二年，布尔班克播种了从‘克尔赛氏’李树上采集的一些种子，发现在萌发的实生苗中，有一株始终长着浅紫色的叶片，它的果实小、色紫、接近球形。布尔班克认为这株实生苗是‘紫叶’李与‘克尔赛氏’李的嫁接杂种。因为在附近几千英里内没有其他‘紫叶’李树，而刚嫁接的‘紫叶’李在当年又没有开花，这就排除了有性杂交的可能性。后来，布尔班克又利用这株嫁接杂种实生苗产生了几千株第二代和第三代植株，它们所结的果实具有一种独特的红色，在滋味上同原来的‘紫叶’李接穗所结的果实极其相似，果实的大小介于嫁接双亲之间（Burbank，1914）。

为了验证布尔班克试验的可重复性，1998 年 3 月本课题组刘用生等将‘紫叶’李接穗嫁接到六年生的‘玉皇’李树上，开花前将‘紫叶’李的花蕾全部疏除，以防其与‘玉皇’李发生有性杂交。1998 年 7 月 30 日，从嫁接有‘紫叶’李的‘玉皇’李树上收集了 152 粒种子，于 1999 年 3 月播种，共萌发 126 株幼苗。这些幼苗的叶片均呈绿色，未发现任何变异。1999 年于开花前再将‘紫叶’李接穗上的花蕾全部疏除（以后不断摘除‘玉皇’李的叶片，使其果实的生长依赖于‘紫叶’李叶片制造的营养，但这样做落果较多），在 7 月 25 日采集了 24 粒‘玉皇’李种子，于 2000 年 3 月播种。在萌发的 19 株幼苗中，有 3 株幼苗具有非常明显的紫叶性状，即‘紫叶’李与‘玉皇’李的嫁接杂种。2000 年于开花前仍将‘紫叶’李接穗上的花蕾全部疏除，在 7 月 20 日采集 574 粒种子，于 2001 年 3 月播种。在萌发的 477 株幼苗中，有 11 株具有非常明显的紫叶性状（图 7-1，表 7-1）。而从未嫁接‘紫叶’李的对照‘玉皇’李树上采集的种子，连续 3 年播种均未发现紫叶变异。这些绿叶‘玉皇’李产生的具有明显紫叶性状的实生苗后代，可视为‘紫叶’李与‘玉皇’李的嫁接有性杂种。本结果与布尔班克的试验基本一致，说明嫁接杂种是可以产生的（Zhou et al.，2013；赵智勇等，2013）。

(a) (b)

图 7-1 通过嫁接诱发的李变异体（引自 Zhou et al.，2013）（彩图请扫封底二维码）
（a）‘紫叶’李接穗高接在绿叶‘玉皇’李树上；（b）砧木绿叶‘玉皇’李树后代出现有明显紫叶性状的实生苗

表 7-1 嫁接‘紫叶’李引起‘玉皇’李实生苗的变异

年份	处理	播种数	萌发数	紫叶幼苗数	变异率/%
1999	嫁接	152	126	0	0
	未嫁接	120	98	0	0
2000	嫁接	24	19	3	15.8
	未嫁接	135	109	0	0
2001	嫁接	574	477	11	2.3
	未嫁接	138	115	0	0

注：生长过程中不断摘除‘玉皇’李的叶片

（四）柑橘的嫁接杂种

到目前为止，在柑橘中已产生了许多嫁接杂种，其中有些已在生产上大面积栽种。下面简要介绍几种柑橘的嫁接杂种。

1. 改良橙

据福建农林大学园艺系介绍，‘改良橙’产于福建省龙溪地区。据查，该品种为漳州郊区一果园工人从甜橙（*Citrus sinensis*）品种‘印子柑’与柑橘（*Citrus reticulata*）品种“红橘”嫁接后产生的变异植株中选择出来的。变异植株能同时结出红肉果、红黄肉嵌合果和黄肉果 3 种肉色不同的橙型变异果实。变异果实的性状与原接穗品种‘印子柑’有明显差异，品质亦更优良，故当时群众称它为‘改良橙’。该变异母树已衰亡，目前各地引种栽培的是嫁接繁殖的后代。从‘改良橙’果园中，又发现一些单株在个别的主枝或侧枝上出现“橘变”和“嵌合橘变”两种倾向橘型的变异，成为“橙-橘”嵌合的变异单株。其中一个典型的“橙-橘”嵌合变异单株，能同时结出上述橙型和橘型的所有5种变异类型的果实。经过观察分析，发现其枝、叶、花、果、种子和汁泡的形态、细胞学和食用品质等一系列性状均存在着不同程度的差异。据调查，橙型黄肉果变异类型性状较为稳定，可以找到全树常结黄肉果的植株，每年结果也相同。该类型果实品质也比原亲本品种‘印子柑’优良。橘变类型也比较稳定，其果实品质优于红橘，成熟期较早，是一个有价值的优良品种资源。对于上述两个类型，可以应用嫁接繁殖，直接在生产上推广利用。

胡桂兵和陈大成（1997）以‘改良橙’及其有关品种类型为材料又做了进一步研究，通过叶片气孔观察、花粉试验、多种同工酶分析等方法，证实了‘改良橙’是红橘和甜橙形成的嫁接嵌合体。

2. 早蜜橙

‘早蜜橙’是1980年在广东省博罗县杨村镇华侨柑橘场新发现的一个典型的嫁接嵌合体，它是由‘新会甜橙’嫁接到‘南丰蜜橘’上产生的。在嵌合体结构上，‘早蜜橙’是个不完全周缘嵌合体，L_1层以橘为主，呈橘和甜橙的混合嵌合状态；L_2层甜橙占绝大部分；L_3层则基本为甜橙。与当前广泛栽培的柑橘嫁接嵌合体‘改良橙’相比，‘早蜜橙’L_2层甜橙细胞所占的比例较大，表现也相对较稳定。从果实性状分析结果来看，‘早蜜橙’品质表现最优，其营养成分含量一般都介于‘新会甜橙’和‘南丰蜜橘’之间，而令人感兴趣的是，其总氨基酸含量远远高于‘新会甜橙’和‘南丰蜜橘’。从果实的品质和营养价值看，‘早蜜橙’具有较高的利用价值。

3. 狭叶美国脐橙与枳的嫁接杂种

苏联格鲁吉亚亚热带植物研究所的马姆波里亚（Мампория Ф. Д.）将狭叶美国脐橙与枳嫁接，获得了嫁接杂种（祖德明等，1964）。方法是：从狭叶美国脐橙老树的幼枝上（直径8mm）取下宽4cm无芽的环状皮，然后把它贴在二年生枳实生苗（直径8mm）茎干同样形状和大小的切口上。用麻绳捆好，切口切在根颈之上10cm的高处。当嫁接亲本完全愈合之后，在嫁接环状皮处把砧木（枳）的茎剪除。此时在切口的水平面上就有一个由两嫁接亲本的两层形成层细胞组成的环。

该嫁接杂种植株常呈半灌木状。在分枝性和外观上与亲本植株不同，但更多地倾向于狭叶美国脐橙。小单枝型，具小刺，刺长0.3～3cm。叶片暗绿色，大多数为单叶——1片叶（狭叶美国脐橙的特征），但常有复叶——2～3片叶（枳的特征），或者掌状叶（中间型）。三出复叶的侧生小叶一般狭而长，当中的一枚永远比侧面的大些，并且和单叶的叶片没区别。果长卵形或圆形，大部分有凸出的尖。脐的大小和狭叶美国脐橙的果实一样，但果实要小得多，单果重 80～150g。果皮厚，有毛（枳的特征），具芳香气味（美国脐橙的特征），可食，稍有枳的苦味，果肉不易剥离。需说明的是，枳的有毛果皮是不能吃的，而嫁接杂种却像脐橙的无毛果皮一样，是可吃的，只是稍有枳的苦味；果肉鲜黄色，多汁，汁囊比狭叶美国脐橙的小；果实很甜，滋味美，稍具枳果的味道；果实中种子不多，但要比狭叶美国脐橙的多；种子的外形更像枳，但也具有明显的狭叶美国脐橙的特征。该嫁接杂种 97%～98%的种子后代，在形态特征上，与狭叶美国脐橙的实生苗没有区别。大约只有 1%是纯枳的实生苗，而其余一些或者为中间型，或者倾向于嫁接亲本之一，但仍是明显的杂种。

二、几种蔬菜的嫁接杂种

（一）茄子的嫁接杂种

原日本遗传学会会长篠远喜人，1951 年用‘黑紫’茄子（茎、叶、果实均为黑紫色，花瓣为紫色）和‘关东青’茄子（果实和叶为绿色，茎淡紫色，花紫色）进行嫁接。当‘关东青’嫁接在‘黑紫’茄上时，有 50%的嫁接植株发生了果色变异（即在‘关东青’接穗上结出黑紫色的果实）。当把‘黑紫’茄子嫁接在‘关东青’茄子上时，也有50%的嫁接植株发生果色的变异。1952年他把从‘关东青’茄子嫁接在‘黑紫’茄子上所获得的黑紫茄子进行播种，结果在后代中同样出现了绿色茄子和黑紫色茄子（篠远喜人，1957）。

1951～1953 年，祖德明和赵玉生用具有紫茎、紫果皮、扁圆果形的‘九叶茄’品种作砧木，用具有青茎、青叶、白色果皮、长卵圆形的‘白茄’品种作接穗，采用劈接、芽接和嫩芽接 3 种嫁接方式。结果表明，以嫩芽接诱发变异的效果最为显著。具体方法如下：当砧木高 22～25cm 时，开始播下接穗种子，待子叶展开后，用刀片将砧木梢端切去，并用特制的和接穗一般粗细的骨针，在砧木断面上的形成层处向下扎深 1.5～2cm 的小孔，紧接着将接穗的下部，照着小孔的深度，用刀片顺着茎削去一面，随即轻轻地把它插在小孔中，最后绑上线，扣上纸袋即可。另外，接穗上的每片叶要剪去 4/5～7/8 的面积。通过嫁接蒙导后，当代就可以观察到部分变异产生，果形由长卵圆形变为圆形。嫁接杂种第一代就出现了各类型的分离，杂种后代中有很多是茄子中从来没有的新类型，它们在株型、果形、果色等方面都发生了变异（祖德明和赵玉生，1955）。

后来苏联的格鲁森科、日本的和夫、瑞士的 Stroun 等都曾进行过茄子嫁接变异研究，获得了许多嫁接杂种。我国宁夏农林科学院退休教授王成玉和马贵龄（2013）发明了培育茄子嫁接杂种的一种方法：先将茄子（母本）嫁接到枸杞（父本）上，然后进行有性杂交，可培育茄子新品种。

（二）番茄的嫁接杂种

从 1940 年起，苏联科学院遗传研究所的格鲁森科就进行了大规模的番茄嫁接变异研究工作。他所用的试验材料是各种类型的番茄品种，彼此间具有相反的性状：如红果和黄果，两室和多室，果实小型（野生种）和大型，单干式和普通，单总状花序和复总状花序等。试验的第一阶段采用劈接法。嫁接部分的老嫩视嫁接目的而异：如果目的在于改变接穗，那么接穗宜用带子叶的幼苗，而砧木则用具有 7～10 片叶的幼苗；如果目的在于改变砧木，那么砧木就应该嫩些。在为了引起变异的各组嫁接中，砧木或接穗的所有叶片几乎都要除去，花蕾也用棉线分别隔离。作对照用的植株，和嫁接材料来自同一个果实的种子。嫁接当年显著的形态变异并不大。1940 年一共嫁接了 261 株，所得固定的变异为 28 株。1944 年、1946 年、1947 年、1948 年及 1949 年做重复嫁接，所得显著变异为 10%～15%。获得番茄嫁接杂种的组合有：'米卡多' / '金皇后' '金皇后' / '费卡拉基' '高尔琴' / '墨西哥 353' '金皇后' / '斯巴尔克斯' '墨西哥 353' / '黄桃番茄' '普兰诺' / '黄梨' 等。

要想成功地获得嫁接杂种，嫁接材料的选择十分重要。所选的植株必须具有彼此明显不同的性状，如叶形、果实颜色等。在进行番茄嫁接变异试验时，最好选用马铃薯型叶片（隐性性状）与普通缺刻叶片（显性性状）；尤其重要的是果实色泽，最好选用红果实（显性性状）与黄果实（隐性性状）。这样成对的选择，在进行嫁接变异试验后，当第一代出现最初几片叶时，就可以判断其杂种的性质。例如，1947 年，格鲁森科将 '米卡多' 品种（复式花朵、马铃薯型叶片、红果实）的种芽嫁接在 '金皇后' 品种（缺刻叶、单式花朵、黄果）的主茎上，结果在接穗（'米卡多'）上得到一个果实。繁殖嫁接杂种一代，得到 27 株（27.3%）马铃薯型叶片和 72 株（72.7%）缺刻叶片的植株。全部植株都是复式花朵，红果实。1949 年播种第二代，其叶片性状发生分离，显性型的叶片超过隐性型叶片，第二代所有果实和第一代一样，都是红色的。而在进行有性杂交时，这两个品种的第一代常常得到红果实，缺刻叶片；第二代果实有红也有黄，叶片有缺刻的，也有马铃薯型的。

Claybery（1975）将一种能抗白蝇和蚜虫的茄子与一种易受这两种虫危害的番茄嫁接，获得了表皮为茄子、果心为番茄的嫁接嵌合体。该嫁接嵌合体虽不抗蚜虫，但对白蝇有很强的抗性。Khaldun 等（2016）将番茄嫁接在枸杞上，采用 Illumina 高通量测序，通过样本间 miRNA 的差异比较分析，发现了 3 个 miRNA 可能从枸杞砧木经嫁接结合部长距离运输到番茄接穗中。

（三）辣椒的嫁接杂种

日本东京农工大学的柳下在 1954 年进行了朝天椒（果实长而尖、果穗集中）

和西班牙椒（果大、单生、钟形、果顶有沟痕）的嫁接变异试验（祖德明等，1964）。结果表明，由于嫁接的影响，在嫁接植株上除了典型的果实外，还出现了变异的果实。变异果实的性状能遗传到第二世代。在嫁接植株及其后代中观察到果实形状的变异，而对照植株在 3 个世代中从未发现变异。为了证明由这两个辣椒品种有性杂交得到的第一世代果实的变异与嫁接植株及其后代的变异是否有本质的不同，柳下还进行了重复嫁接试验。结果表明，连续 3 个世代嫁接在西班牙椒上的朝天椒（接穗）的某些果实，出现了西班牙椒（砧木）所特有的形态特征，这个特征能传递到种子后代。在重复嫁接的后代中出现的变异果实比在一次嫁接后的第一、二世代中频繁得多。

苏联科学院遗传研究所的托波尔尼纳（Топорнина H. A.）将小果辣椒‘红串’品种嫁接在大果辣椒‘巨人’品种上（祖德明等，1964）。于 1～2 片真叶期取接穗，于孕蕾期取砧木，在生长期经常摘除接穗的叶片，所保留的接穗上部的叶片不超过两片。结果表明，该嫁接组合的种子第一代出现了广泛的多样性类型，这些类型具有两个嫁接品种的各种性状的组合（在果实的形状、大小、植物碱含量和其他性状等方面），而这两个品种的有性杂种第一世代的全部植株都是同质的。嫁接当代或第一世代没有发生变异的植株，在种子第二代中产生了变异的后代。在嫁接后代中，除了具有接穗与砧木特征的植株外，还有一部分植株具有新性状。

日本的 Ohta 和 Chuong（1975a）用经自交保持了 5 代以上的两个辣椒品种进行嫁接，其中‘Tochigisantaka’品种是果实直立、簇生的红皮类型，‘Kiiro’品种是果实下垂、非簇生的黄皮类型。用作砧木的植株为 2～3 月龄，具 20～30 片叶，开始形成花芽，茎细胞由于木质化开始退化。用作接穗的是播种后约 3 周（出土 10～14 天）的幼苗，具 3～5 片叶。为了确保接穗完全靠砧木供给营养，从而使遗传物质从砧木输送至接穗，在整个生长期间，接穗只留顶端的两三片叶，其余叶片全部除去，每周打叶两次。结果表明，在嫁接当代均未发现变异现象，在嫁接后代的 6919 个个体中，共发现 58 个变异体，变异的总频率为 0.84%。Ohta 和 Chuong（1975b）的研究还表明，从砧木接种了蚕豆萎蔫病毒（BWV）的接穗种子第二代（G_2）中，总共获得了 161 个变异体。G_1 和 G_2 两代的总变异率高达 16.5%，而未经接种病毒的同一嫁接组合则只有 2%。所以，可以认为病毒处理增加了遗传变异。

Taller 等（1999）从甜椒种内嫁接接穗的自交种子中获得了具有可遗传变异性状的品系，该品系可作为新性状的资源。通过这种嫁接诱导的变异体和其他两个品种，育出了 5 个新的变异体品系和几个亚系。随着所需数量性状的逐渐导入和选种，产生了明显超越双亲的组合。他们的育种目标是：把嫁接诱导的双沟痕果形这个性状与高含糖量和厚果皮、大果实结合起来，并显著地减少或消除辛辣味。嫁接诱导的典型变异——从矮植株可在选择后的一些亚系中遗传下来。3 种不同基因型的使用产生了许多优良数量性状的组合，从中选出了具有很高价值的新性状。然而，并非所有的品系都表现嫁接诱导变异体的果实顶端双沟痕的性状。通过嫁接诱导的新性状是稳定的新特征，在甜椒育种中可作为新的遗传资源。

枸杞是茄科一种适应性很强的小灌木，喜冷凉气候，耐寒力很强。当气温稳定通过 7℃左右时，种子即可萌发，幼苗可抵抗–3℃低温；抗旱能力强，在干旱荒漠地仍能生长，因此可作为水土保持的灌木，而且由于其耐盐碱，成为盐碱地的先锋树种。其中，宁夏枸杞具有较高的药用价值、食用价值、观赏价值和林业价值。王成玉和马贵龄（2013）获得一项国家授权发明专利“枸杞和辣椒、茄子的嫁接杂交方法”，即先将辣椒或茄子（母本）嫁接到枸杞（父本）上，然后进行有性杂交，克服了父母本之间的远缘有性杂交不亲和性，可培育辣椒或茄子新品种，中国中央电视台军事农业频道科技苑栏目于 2013 年 11 月 27 日报道了利用该方法培育的适应性强、果形变大且风味独特的枸杞辣椒新品种。

三、几种观赏植物的嫁接杂种

（一）亚当金雀花

在《动物和植物在家养下的变异》一书第 11 章中，达尔文首先提出著名的‘亚当金雀花’（Adam’s laburnum，即 *Cytisus adami*）事例：1825 年，在法国巴黎附近的维曲雷（Ritry），一个名叫亚当的花匠把一种紫色的金雀花（*Cytisus purpureus*）嫁接在黄色的金链花（*Cytisus laburnum*）上而获得了‘亚当金雀花’。嫁接之后，接穗死亡，由愈伤组织上产生了不定芽，其中一个具有接穗和砧木的中间性状。亚当把它无性繁殖起来，作为一种新的品种来出售。这个嫁接杂种的形态特征是：株型似小灌木，叶像金链花，但背后无茸毛，花序也似金链花，每朵花下有双生苞叶，花为紫棕色的，一般不能结实，这就是有名的‘亚当金雀花’。‘亚当金雀花’常出现混杂遗传的现象，达尔文写道：“在同一个总状花序上，时常开有两种花，我曾看到过单独一朵花恰好分成两半，一半是亮黄色的，一半是紫色的，……在另一朵花里，暗红色的翼瓣之一生有亮黄色的细条纹，稍具叶状的雄蕊之一，一半是黄色的，一半是紫色的……关于这种树最值得注意的是，它在中间性状下，甚至在两个嫁接亲本附近生长，也是完全不育的；但是当花变成黄色或紫色时，它们就结实了。”后来有学者研究认为，‘亚当金雀花’属于周缘嫁接嵌合体，其表皮组织与紫色金雀花相同，其皮层和中柱鞘与黄色金链花的一样。

（二）龙凤牡丹（*Hylocalycium singulare*）

‘龙凤牡丹’是仙人掌科量天尺与绯牡丹的属间嫁接嵌合体，20 世纪 70 年代由日本园艺学家培育。属名 *Hylocalycium* 由量天尺的属名 *Hylocereus* 与绯牡丹的属名 *Gymnocalycium* 组合而成，种名 *singulare* 意为“独特的”。‘龙凤牡丹’的形态十分奇特，其红绿混杂不规则扭曲的变态茎，称为“龙”；其刺座上叠生的红球，称为“凤”。纵观整个植株，犹如“游龙戏凤”“游龙戏珠”，颇受人们的欢迎（彭浩，1996）。

第四节　一些林木的嫁接杂种

一、毛健杨

‘毛健杨’是山东省长清县（现为山东济南长清区）茶棚苗圃工人以‘健杨’和‘毛白杨’靠接，从其愈伤组织长出的枝条经扦插而成的一种叶似‘毛白杨’、茎似‘健杨’的嫁接杂种，暂名‘毛健杨’。其当年扦插苗苗干呈灰绿色，密被灰色短茸毛；棱线由下向上逐渐明显；皮孔显著，长椭圆形、椭圆形或圆形，大小不等，分布不匀。侧芽略扁，长圆锥形，贴干或分离；顶芽较大，卵圆形，被有灰白色茸毛。叶三角形，长 8～18cm，宽 8～15cm，先端渐尖，基部心形至截形，边缘具不整齐的齿，腺质齿尖内曲；幼叶两面密被灰白色茸毛，以后上表面茸毛大部脱落，仅叶基脉腋间宿存，叶背面永存；叶柄长 4～8cm，侧扁，密被灰白色茸毛，顶端具 2 腺点；托叶三角形，密被灰白色茸毛，早落（梁书宾等，1983）。

‘毛健杨’的生长量与‘健杨’相似，但远比‘毛白杨’长得快。‘毛健杨’的气孔密度仅低于‘毛白杨’，而高于‘健杨’。‘毛健杨’的纤维最长，胞壁率较大，说明‘毛健杨’的材质优于欧美杨，因此是一个有前途的速生优质树种。

二、深州杨

1977 年春，河北省宁晋县东陈乡中兴村农民用‘毛白杨’芽接在‘大官杨’（作砧木）上（形象地称为“接炮捻”），利用其作种苗进行带根埋条育苗（又叫“埋棵”）。1978 年春起苗后，用留根育苗法继续培育毛白杨苗。出苗后，发现两株变异。1979 年春，把变异株挖出观察，看到应起苗时，把嫁接处铲断，由嫁接愈合处长出的新植株，即形成了‘大官杨’与‘毛白杨’的嫁接杂种。但两株变异特征显著不同，一株具‘毛白杨’的特征多，暂叫作‘毛白杨’嫁接嵌合体（表 7-2），另一株具‘大官杨’的特征多，就叫作‘大官杨’嫁接嵌合体。1994 年，河北农业技术师范学院宋金耀和李松波（1998）在宁晋县获得的‘毛白杨’无性系，即后来定名的‘深州杨’（崔俊茹，2002）。

表 7-2　‘毛白杨’嫁接嵌合体的形态特征

树种类别	叶	茎	芽
毛白杨	叶片小，生长平展，下垂，叶背有茸毛	无棱，节间长，皮色青绿，皮孔小，红褐色	肥大
毛白杨嫁接嵌合体	叶片小，斜上生长，叶背有茸毛	有棱，节间短，皮色青绿，皮孔大，浅褐色	较肥大
大官杨	叶片小，生长平展，叶背无茸毛	有棱，节间短，皮色浅褐，皮孔大，浅褐色	瘦小

毛白杨嫁接嵌合体的插条成苗率达 90%左右，初步解决了毛白杨插条难生根的问题，为毛白杨插条育苗开辟了一条新途径。

三、杨树的其他嫁接杂种

苏联的波格丹诺夫进行了许多杨树的嫁接变异研究工作，获得了许多嫁接杂种（祖德明等，1964）。他采用的方法是这样的：在冬季或早春，把某一个杨树种的插条用枝接法嫁接到另一个杨树种的插条（它必须是生根良好的）上。在春天把这种嫁接的插条栽植在土壤中，砧木生出根系，而接穗则生出带叶的嫩枝，在切面上产生插条的愈合。第二年早春，把这种生了根的植株挖出，在两个插条结合处把它上部分剪掉，植于温床里，并用玻璃罩扣起来，以增加湿度。由于具备较高的温度和湿度，在切面上就形成了旺盛的愈伤组织，起初为环状，此后有时可以长满整个切面。在愈伤组织上很快就形成了大量的不定芽，并发育成嫩枝。从这些嫩枝中选育出数十个嫁接杂种。其中‘西 + 加杨’是 1936 年将‘加拿大杨’合接在‘西伯亚利杨’上得到的。我国吉林省于 1961 年引入，先后在白城、长春、吉林等地试栽，表现良好。‘西 + 加杨’在白城不仅比较耐寒，而且在较为湿润和肥沃的立地条件下还可速生丰产，10 年生胸径可达 30cm，树高可达 15m，分别为当地小青杨的 200%和 175%（金志明，1980）。但在苗圃、良种繁育场或幼林当中，则经常看到它的无性分离现象。

参 考 文 献

崔俊茹. 2002. 深州杨(暂定名)特性的研究. 保定: 河北农业大学硕士学位论文.
达尔文. 2014. 动物和植物在家养下的变异. 叶笃庄, 方宗熙译. 北京: 北京大学出版社.
董吉田, 周效文, 于学人, 等. 2016. 世界首株木槿棉花诞生. 科研, (11): 230.
多尔古辛. 1958. 在杏树上发生李的枝条. 谭伯根译. 苏联农业科学, (1): 9-10.
范盛尧. 1999. 接穗郁李影响杏砧变异的实验. 遗传, 21(4): 43-44.
郭继军. 2012. 远缘嫁接诱变小麦高产栽培技术: 中国, 201110358098.4.
国际生物科学联盟栽培植物命名法委员会. 2013. 国际栽培植物命名法规. 第 8 版. 靳晓白, 成仿云, 张启翔译. 北京: 中国林业出版社.
胡桂兵, 陈大成. 1997. 改良橙和“红江橙”的来源、结构及其相互间异同的研究. 北京: 第三届中国青年农业科学学术年会.
胡三女. 1973. 蓖麻棉. 农业科技, (6): 31.
江苏省地方志编纂委员会. 2007. 科学技术志. 南京: 江苏人民出版社.
江幼农. 1955. 关于植物无性杂交的科学资料. 北京: 科学出版社.
金志明. 1980. 西+加杨无性分离研究初报. 遗传, (4): 19-22.
靳晓白. 2015. 栽培植物命名法与国际栽培品种登录. 农业科技与信息: 现代园林, (8): 584-592.
李如白. 1995. "异科异属"水稻无性育种获得成功. 中国农学通报, 11(6): 41.
梁书宾, 李兴文, 戴宪德, 等. 1983. 杨树新类型——毛健杨. 山东林业科技, (4): 12-17.
刘龙昌. 2010. 关于栽培植物的命名问题. 生物学通报, 45(4): 13-17.
刘用生. 2000. 对"接穗郁李影响杏砧变异的实验"的解释. 遗传, 22(6): 401-402.
刘用生, 李保印, 赵兰枝. 2002. 植物远缘嫁接应注意的几个问题. 生物学通报, 37(8): 37-39.
孟昭璜. 2006. 远缘嫁接无性杂交培育大豆新品种的方法: 中国, 200410079964.6.
米丘林. 1955. 米丘林全集. 第 1 卷. 华北农业科学研究所, 北京农业大学译. 1955. 北京: 财政经济出版社: 422-428.
米丘林. 1959. 米丘林全集. 第 3 卷. 中国农业科学院, 等译. 1959. 北京: 农业出版社: 499-500.
米丘林. 1965. 米丘林全集. 第 4 卷. 中国农业科学院, 等译. 1965. 北京: 农业出版社: 394-395.
潘相文, 孙晓环, 张凤芸, 等. 2012. 大豆远缘嫁接诱变技术的优化. 大豆科学, 31(2): 237-241.
庞士铨, 吴景锋. 1963. 用蓖麻嫁接大豆后代植株生理特性的初步分析. 东北农学院学报, (1): 35-38.
彭浩. 1996. 掌类新秀——龙凤牡丹. 中国花卉盆景, (11): 10.
任远飞. 2006-03-30. 以红薯做砧木小麦作接穗 以蓖麻做砧木大豆作接穗 远缘嫁接开辟我国作物(小麦、大豆)育种新途径——记商丘市国佳农业科技有限公司和他们的科技创新. 河南日报农村版, 第 04 版.
松浦一. 1957. 日本米丘林生物科学运动的情况. 生物学通报, (8): 51-53.
宋金耀, 李松波. 1998. 毛白杨嵌合体的研究: Ⅰ. 嵌合体的认证及生物学研究. 河北科技师范学院学报, (3): 5-9.
王成玉, 马贵龄. 2013. 枸杞和辣椒、茄子的嫁接杂交方法: 中国, 101904266B.
吴洪明, 林宝明, 赖钟雄, 等. 2004. 一个芸香科属间嫁接嵌合体的拉丁名称: + *Citroponcirus* 'Hormish'. 热带亚热带植物学报, 12(2): 177-181.
篠远喜人. 1957. 茄子的嫁接试验. 遗传学集刊, (1): 79-90.
佚名. 1971. 嫁接技术的新进展——在粮、棉、油等作物育种中的应用. 科技简报, (48): 9-10.
佚名. 1973. 牵牛花与甘薯嫁接育成甘薯新品种. 农业科技通讯, (3): 13-14.
佚名. 1978. 稻麦嫁接. 江西农业科技, (1): 29.
臧德奎, 向其柏. 2006. 关于栽培植物的品种命名问题. 中国园林, 22(9): 50-54.
赵智勇, 职明星, 刘用生, 等. 2013. 植物嫁接杂交研究新进展. 生物学通报, 48(3): 4-6.
周建一. 2001-07-19. 薯麦一号开辟小麦育种新途径. 山西科技报, 第 002 版.
祖德明, 李继耕, 李向辉, 等. 1964. 植物及动物的无性杂交. 北京: 科学出版社.
祖德明, 赵玉生. 1955. 几个茄科植物无性杂交的研究报告. 农业学报, 6(4): 353-368.
Burbank L. 1914. His Methods and Discoveries and Their Practical Application. New York: Luther Burbank Press.
Clayberg C D. 1975. Insect resistance in a graft-induced periclinal chimera of tomato [*Trialeurodes*

vaporariorum, *Macrosiphum euphorbiae*]. Hortscience, 10: 13-14.

Fuentes I, Stegemann S, Golczyk H, et al. 2014. Horizontal genome transfer as an asexual path to the formation of new species. Nature, 511(7508): 232-235.

Gurdon C, Svab Z, Feng Y, et al. 2016. Cell-to-cell movement of mitochondria in plants. Proceedings of the National Academy of Sciences of the United States of America, 113(12): 3395-3400.

Khaldun A B, Huang W, Lv H, et al. 2016. Comparative profiling of miRNAs and target gene identification in distant-grafting between tomato and *Lycium*(Goji Berry). Frontiers in Plant Science, 7: 1-18.

Ohta Y, Chuong P V. 1975a. Heredity changes in *Capsicum annuum* L. Ⅰ. Induced by ordinary grafting. Euphytica, 24: 355-368.

Ohta Y, Chuong P V. 1975b. Heredity changes in *Capsicum annuum* L. Ⅱ. Induced by virus-inoculated grafting. Euphytica, 24: 605-611.

Poiteau A. 1830. *Cytisus adami*. Ann Soc Hortic Paris, 7: 95-96.

Stegemann S, Bock R. 2009. Exchange of genetic material between cells in plant tissue grafts. Science, 324(5927): 649-651.

Stegemann S, Keuthe M, Greiner S, et al. 2012. Horizontal transfer of chloroplast genomes between plant species. Proceedings of the National Academy of Sciences of the United States of America, 109(7): 2434-2438.

Taller J, Yagishita N, Hirata Y. 1999. Graft-induced variants as a source of novel characteristics in the breeding of pepper(*Capsicum annuum* L.). Euphytica, 108(2): 73-78.

Zhou X M, Liu Y S, Li X J. 2013. Confirmation of a purple-leaved plum graft hybrid. Genetics and Molecular Research, 12(1): 710-713.

第八章　植物远缘嫁接的事例及变异问题

远缘嫁接一般是指种间、属间、科间等亲缘关系较远的植物之间的相互嫁接。植物远缘嫁接一直是个非常有吸引力的研究课题，成功的远缘嫁接，不仅具有较高的栽培价值，还可培育出远缘嫁接杂种，具有很高的科研价值和经济价值。但是，由于远缘嫁接植物间亲缘关系较远，往往出现嫁接不亲和现象而难以成功，因此如何克服嫁接不亲和就成为远缘嫁接研究中的难点问题。

根据嫁接所用砧木和接穗亲缘关系的远近，可将远缘嫁接分为：①种间远缘嫁接。该类型是指同一属内不同种间植物的嫁接，是生产上最为常见的嫁接组合方式，在果树、蔬菜、花卉和农作物等上都有应用。例如，白玉山楂/山里红（接穗/砧木，下同）、苹果/山定子、苹果/海棠、李/杏、李/毛桃、葡萄柚/枳壳、葡萄柚/红橘、葡萄柚/红檬、红松/油松、番茄/马铃薯、茄子/番茄、榨菜/紫甘蓝、牡丹/芍药、毛鹃/西鹃等都是种间远缘嫁接。由于其砧木和接穗的亲缘关系较近，对嫁接方法要求不严格，一些常用的嫁接方法就可使嫁接植株成活。②属间远缘嫁接。该类型是指同一科内不同属间植物的嫁接。属间远缘嫁接的现象要复杂些，有些嫁接组合很容易成活，而有些嫁接组合则较难成活。亲缘关系相对较近的瓜类和一些果树的嫁接组合就较易成功，如西瓜/南瓜、西瓜/葫芦、黄瓜/南瓜、哈密瓜/南瓜、杏/桃、梨/苹果、梨/榅桲、桃/梨、核桃/枫杨、枇杷/石楠、桂花/女贞等；此外，一些花卉植物间和豆类植物间的嫁接组合也较容易成活，如菊花/青蒿、仙人球/虎刺、大豆/扁豆、绿豆/大豆；而一些亲缘关系较远的嫁接组合则不易成活，如柳属/杨属、番茄/枸杞等；对于一些较难成活的嫁接组合来说，则需要注意嫁接方法的改进，如适当增长削切斜面、改进削切方法、适当推迟解绑时间和适当增大环境湿度等都有利于提高嫁接成活率。例如，在柳属/杨属嫁接组合中采用插皮法嫁接时，若将接穗背部表皮削切改为轻轻刮去至露出皮层后，成活率可提高 30%～60%（李保印等，2004）。③科间及其以上远缘嫁接。该类型是指不同科间或者亲缘关系更远的植物间的嫁接，一般情况下这种嫁接难以实现，但若嫁接和管理得当也能成功，本章后文中将详细阐述。

第一节　中国古今植物远缘嫁接的记载和事例

一、中国古代植物远缘嫁接的记载

中国古代有许多关于植物远缘嫁接的记载，其中最早的记载见于北魏贾思勰所著的《齐民要术》。该书“插梨第三十七”篇中写道：“桑梨大恶；枣、石榴上插得者，为上梨，虽治十，收得一、二也”。就是说用桑作砧木嫁接的梨树，其果实品质很不好。在枣和石榴上嫁接的梨树，其果实品质优，但嫁接成活率低，嫁接 10 株，只能成活 1～2 株。其中关于桑树对梨果实品质的影响，后人有相反的记载，如《分门琐碎录》和《种艺必用》等许多农书上说“桑上接梨，脆美而甘”。又如《调燮类编》上说“梨品甚多，必须棠梨、桑树接过者，则结子早而佳”。关于梨与枣的嫁接，《墨庄漫录》记述了一种不同于《齐民要术》的嫁接方法：“先植棠梨木与枣木相近，以鹅梨条接于棠梨木上，候始生枝条，又于枣木大枝上凿一窍，度插活梨条于其中，不到一二年即生合，乃斫去枣木之上枝，又断棠梨下干根脉，即梨条已接于枣木本矣”。

枣和葡萄嫁接的记载最早见于《格物粗谈》，该书说葡萄“其藤穿过枣树，则实味更美”；《调燮类编》上说葡萄“若引其藤穿过枣树，二三年后，皮粘树窍，斫去原根，托枣自生，实味更异”；《分门琐碎录》和《种艺必用》上写道：“葡萄，欲其肉实，当栽于枣树之侧，于春间钻枣树，作一窍子。引葡萄枝入窍子，透出。至二、三年，葡萄枝既长大，塞满枣树窍子，便可斫去葡萄根，令托枣根以生，便得肉实如枣。北地皆如此种”；以后许多农书都与《分门琐碎录》和《种艺必用》上的记载相似。

“柿上接桃，则为金桃”的记载最早是在《格物粗谈》上出现的，此后不少农书上都有这条记录。《花镜》对金桃的注释是“出太原，形长色黄，以柿接之，遂成金色”；《授时通考》的注释是“形长，色黄如金，肉粘核，多蛀，熟迟。用柿接者，味甘色黄”；《海录碎事》的记载是：“用柿子树接桃枝，早熟者谓之络丝白，晚熟者谓之过雁红”。

关于在楝树上嫁接梅花产生墨梅的记载颇多。《调燮类编》上说，“江梅接苦楝则成黑色”；《分门琐碎录》和《种树书》中说“苦楝树上接梅花，则花如墨梅”；《花镜》对墨梅的注释是“此系楝树所接江梅，而花成淡墨色者”；《燕闲清赏笺》上说“梅有单瓣红梅、有楝树接成墨梅，皆奇品也”；《灌园史》中写道，“或云：于苦楝树上接之，则成墨梅。予尝闻之园丁，独宜江梅，余皆不然也”；此外，在冬青树上嫁接梅花也能产生墨梅。《物类相感志》上有“冬青树上接梅，则开洒墨梅”；楝树也能与李子相嫁接。《东坡杂记》中写道：“蜀中人接花果皆用芋胶合其罅，予少时颇能之。尝与子由戏用苦楝木接李，既实，不可向口，无复李味”。

在榆树上也能嫁接梅。《本草纲目》中写道：“榔梅出均州太和山。相传真武折梅枝插于榔树。誓曰：吾道若成，花开果结。后果如其言。今树尚在五龙宫北，榔木梅实，杏形桃核。道士每岁采而蜜煎，以充贡献焉。榔乃榆树也”；《徐霞客游记》对榔梅的描述是：“花色深浅如桃杏，蒂垂丝作海棠状。梅与榔本山中两种，相传玄帝插梅寄榔，成此异种云”；《花镜》中对榔梅的注释与《本草纲目》相同。

关于在椿树上嫁接牡丹，民间传说隋炀帝年间曹州牡丹花师齐鲁恒（桓）曾在洛阳西苑嫁接成活“楼台牡丹”，目前有据可考的古书记载最早见于北宋《异人录》中“张茂卿好事，园有一楼，四周列植奇花，接牡丹于椿树之杪。花盛开时，延宾客，推楼玩赏”。南宋《调燮类编》上说“椿树枝上接牡丹，花大如斗，信有之，亦奇观也”；清朝《花镜》中写道：“昔张茂卿接牡丹于椿树之上，每开则登楼宴赏”；明朝《菽园杂记》上说“江南自钱氏以来，及宋元盛时，习尚繁华，富贵之家，以楼前种树，接各色牡丹于其杪，花时登楼赏玩，近在栏槛间，名楼子牡丹”；明朝《养余月令》中记载了详细的嫁接方法：“或取牡丹本及椿树小苗，先要种活一年，此时（指秋分后）离地二寸平锯，开燕尾口，将牡丹插下，吻合如一，仍前扎壅遮罩，更为易活。椿根接者能高丈余，可于台阁玩赏，唐人所谓楼子牡丹也”；此外，在茄子上亦可嫁接牡丹，《分门琐碎录》和《种艺必用》等农书上有“立春若是子日，于茄根上接牡丹花，不出一月即烂漫”的记载。

《格物粗谈》描述了葫芦与苋菜嫁接的事例：“种细腰葫芦一颗，傍种金红大苋菜几颗。待葫芦牵藤时，将葫芦梗上皮刮破些须，再将苋菜梗上亦刮破些须，两梗合为一处，以麻叶裹之，不可摇动，结时俱是红葫芦，甚妙”；《灌园史》载有种“仙瓠”法：“将瓠子种傍鸡冠，两边去皮合系一块，待长切断瓠根，令托鸡冠，结瓠红色，谓之仙瓠”。

《凤仙谱》记述了凤仙花与其他草本植物的嫁接：“接凤仙，用南瓜藤接之令活，可蔓延高架上，五色如锦障。又张南村能以鸡冠、野苋、蓬蒿等草接凤仙，每开异色异形之花”；关于木樨（又作木犀，即桂花）与石榴的嫁接，《格物粗谈》《种艺必用》等农书上说：“木犀接石榴，花必红”的记载，《汝南圃史》说：“木樨接石榴，其花必红，即丹桂也”；关于柑橘与柿子的嫁接，《墨娥小录》上说：“柿接桔则无核”，《稼圃辑》上说柑橘“用柿树接则无核，即本色接三次，亦无核”。

此外，中国古代还有许多属间和种间植物远缘嫁接的记载（表 8-1）。属间植物远缘嫁接有柑橘/枳、栗/栎、林檎/木瓜、梨/木瓜、榅桲/山楂、桑/构、胡桃/枫杨、葫芦/冬瓜、海棠/梨等。种间植物远缘嫁接有梨/棠梨、梨/杜梨、柿/软枣、桃/梅、桃/李、杏/桃、杏/梅、桃/李、苹果/林檎、柑橘/朱栾、牡丹/芍药等。限于篇幅，不再逐一列表。

二、目前对中国古代植物远缘嫁接的不同看法

尽管中国古代有许多植物远缘嫁接的记载，但对其可靠性，目前还有着不同的看法。

表 8-1　中国古代科间植物远缘嫁接一览表

接穗/砧木	科间关系	文献来源
梨/桑	蔷薇科/桑科	《齐民要术》《分门琐碎录》《调燮类编》《种树书》《本草纲目》《花镜》《授时通考》《农圃六书》
梨/枣	蔷薇科/鼠李科	《齐民要术》《墨庄漫录》
梨/石榴	蔷薇科/安石榴科	《齐民要术》
葡萄/枣	葡萄科/鼠李科	《格物粗谈》《分门琐碎录》《调燮类编》《种艺必用》《种树书》《本草纲目》《便民图纂》《事林广记》《农桑辑要》《授时通考》
梅/楝	蔷薇科/楝科	《分门琐碎录》《调燮类编》《灌园史》《种树书》《本草纲目》《花镜》《便民图纂》《燕闲清赏笺》《农圃六书》
桃/柿	蔷薇科/柿科	《格物粗谈》《分门琐碎录》《调燮类编》《种树书》《本草纲目》《便民图纂》《授时通考》
杨梅/桑	杨梅科/桑科	《格物粗谈》《分门琐碎录》《调燮类编》《种艺必用》《种树书》《本草纲目》《花镜》《授时通考》
梅/冬青	蔷薇科/木犀科	《格物粗谈》《物类相感志》《调燮类编》《花镜》
木犀/石榴	木犀科/安石榴科	《格物粗谈》《分门琐碎录》《调燮类编》《种艺必用》《种树书》《农圃六书》
梅/榔榆	蔷薇科/榆科	《本草纲目》《徐霞客游记》《花镜》
牡丹/椿	毛茛科/楝科	《调燮类编》《农桑经》《曹州牡丹谱》《花镜》《养余月令》《霏雪录》《菽园杂记》
牡丹/茄	毛茛科/茄科	《分门琐碎录》《种艺必用》《种树书》《曹州牡丹谱》《农圃六书》
瓠瓜/鸡冠花	葫芦科/苋科	《灌园史》《汝南圃史》
葫芦/苋菜	葫芦科/苋科	《格物粗谈》
凤仙花/南瓜	凤仙花科/葫芦科	《凤仙谱》
凤仙花/鸡冠	凤仙花科/苋科	《凤仙谱》
海棠/西河柳	蔷薇科/柽柳科	《花镜》
李/楝	蔷薇科/楝科	《东坡杂记》
柑橘/柿	芸香料/柿科	《墨娥小录》《稼圃辑》

许多学者对中国古代植物科间嫁接的记载持否定态度。高新一和荣子其（1993）在《果树嫁接图说》一书中写道："从亲缘关系看，科与科之间的植物嫁接都不能成活。我国古书上曾提到很多远缘嫁接的例子，如'柿上接桃则为金桃'……还有不少稀奇古怪的远缘嫁接。古书记载的这些大多是属谬误或流传错误，经过笔者试验都不成功，后人不必要再验证了"。李继华在《嫁接的原理与应用》一书中写道："我国古书中对嫁接技术虽有不少记载，但由于中国古农书的作者实践较少，有的是照抄古书，有的是凭个人想象，因而也出现了一些错误。如远缘植物的嫁接问题，《齐民要术》中提出枣、石榴、桑可作梨的砧木，到以后诸农书上提出的桑树接杨梅、楝树接梅花……，但现在看都不可能，很多人做过多

次重复试验，均未成功。”李继华（1984）还在《远缘植物嫁接能成活吗？》一文中写道：“根据我多年从事木本植物嫁接的经验，至今没有接活或真正见到过一株科间嫁接成活的树木。可以说，在目前技术条件下，嫁接要逾越‘科’的鸿沟是很难的，甚至说是不可能的。”张宇和（1984）在《果树繁殖》一书中写道：“包括果树在内的木本植物的远缘嫁接，在中外古籍中都有不少离奇的记载……虽然言之凿凿，然而尽信书不如无书。其中绝大部分是没有根据的道听途说。”印永民（1981）在《果树高接》一书中写道：“这些荒诞离奇的记载是没有实验根据的，千百年来，多少人进行重复试验，可是从来没有成功的，这种在科学上的臆造确实迷惑过古今中外一些人。必须批判这些荒诞离奇的臆造和传说，剔除这些糟粕。”

也有一些学者对中国古代植物科间嫁接的记载持怀疑态度。石声汉（1963）在《对嫁接的一些揣测性解释》一文中指出：“《齐民要术》‘插梨第三十七’有一个小注，‘桑梨大恶；枣、石榴上插得者，为上梨，虽治十，收得一、二也’。这个注不论它是否真是著者原文，或是后人搀入，所记内容，多少是有些问题的。放下梨和桑、枣、石榴进化系统上的亲缘远近不谈，木材结构相差不小，究竟如何愈合，很难想象。《农桑辑要》引有《博闻录》一条，说在枣树上钻一个孔，将葡萄枝从孔中穿过，愈合后切去葡萄根，所结的葡萄，就和枣一样坚实，最后还补上一句，‘北地皆如此种’。这句话，是江南人记载黄河流域的现象，可能是‘所传闻又异词’……这些传说，究竟有多少实验根据，我们没有足够资料，不能立即做出结论，不过从经验看来，总觉得现实性不会太高。”匡明纲（1985）在《〈齐民要术〉中的果树遗传育种》一文中说：“枣曾试验两年不成活，桑、石榴与梨亲缘关系远，能否嫁接成活亦可疑。”谭彼岸（1956）在《中国古代的接木技术》一文中写道：“然柿接桃为金桃、苦楝树上接梅花则成墨梅等记载是否属实，有待试验证明，这儿是取保留态度。”张宗子（1988）认为“在远缘嫁接方面，尽管当时书中记载能够成活，并能改变果实品质，但是否如此，还有待我们进一步验证”。

笔者认为，中国古代有这么多植物科间嫁接的记载，如果仅仅根据某些嫁接组合目前未被重复试验证实，就加以否定是不科学的。相信随着科学技术的飞跃发展，特别是微嫁接（试管嫁接）技术的兴起，越来越多的科间远缘嫁接将由不亲和变为亲和。

三、现代看古代记载的植物远缘嫁接可靠性

世界范围内近现代有据可考的植物科间嫁接，最早可能当属 Baillon（1877）成功地将绞木科的银穗树（*Garrya elliptica*）嫁接在山茱萸科青木（*Aucuba japonica*）上，后来Horne（1914）再次证明了这个远缘嫁接组合确实可以成活。在克朗奎斯特分类法（有花植物的综合分类系统）中，二者同属于山茱萸目，但在2003年出版的《被子植物APG II分类法（修订版）》中，将绞木科从山茱萸目中分离出来，归到绞木目中。若按照现在大部分科学家都倾向于最新的种系发生学组（angiosperm phylogeny group，APG）II分类法，Baillon（1877）这个成功的远缘嫁接组合还可能是世界近现代最早报道的目间嫁接。

在20世纪30年代，Simon（1930）、Zebrak（1937）和Kunkel（1938）都成功地开展了科间嫁接。其中，Zebrak（1937）开展了生命短的草本植物之间的嫁接，他用豆科的白香草木犀（*Melilotus alba*）作为接穗，用劈接法嫁接在菊科的向日葵髓部薄壁细胞中得到维管束的连接，接穗正常生长5个多月到自然死亡。

米丘林在《蒙导法和生长促进剂的意义》一文中记述了他的助手雅阔夫列夫（Yakovlev）将柠檬树成功地嫁接在梨树上，受柠檬接穗的影响，梨树在五年中未落叶。河南省林县全国林业劳动模范石玉殿（1951）成功地把梨树嫁接在桑树上，所结的梨果实、皮色和味道都变好。1951年，徐萍等在香椿树上嫁接鸭梨成功（江幼农，1955）。据笔者调查，河南省濮阳县梁庄乡金刚集村农民李金祥，1954年在枣树上嫁接了梨树，第二年即开花结果，结的果实又脆又甜。嫁接植株存活了42年，于1996年夏天发洪水时被淹而死。根据这些事实，笔者认为《齐民要术》中关于梨树与桑树、枣树和石榴树嫁接的记载可能是真实的，至少梨树与桑树、枣树嫁接的记载是可靠的。

石玉殿（1951）、徐萍等（江幼农，1955）都曾将桃树成功地嫁接在柳树上，尽管所结的桃果实不好吃。据果树学专家崔致学和王福堂（1950）介绍，他幼时曾在山东见过桃树嫁接在杨树上的事实，所结的果实虽又大又美，可是咬了一口，味道却和“木桃”一样，无食用价值（江幼农，1955）。阮镜波曾将龙眼枝接在柿树上，不但愈合了，所结的龙眼比普通龙眼大两倍以上，而且核小肉厚，带有点柿子的甜味（江幼农，1955）。说明桃树和柿树是可以和异科植物相互嫁接的。因此认为，中国古代“柿上接桃，则为金桃”的记载也是可信的。

石玉殿（1951）曾将葡萄藤扯到君迁子（通常作为柿树的砧木）树上，把两棵树的树皮都弄破，用泥和茅草包扎起来，第二年再把葡萄的主蔓和君迁子的树头锯掉，结出了无核的葡萄。据张艳芳（1994）报道，1958年绥德县薛家峁公社将葡萄树和枣树靠接在一起，所结的葡萄的确具有枣味。可以认为，古代关于枣与葡萄嫁接的记载是可靠的。

徐萍等在香椿树上嫁接桃和鸭梨取得成功（江幼农，1955），石玉殿在椿树上嫁接活了柿子，虽然所结的柿子较小而无利用价值，但说明椿树是可以和异科植物相互嫁接的。2010年4月7日，《洛阳晚报》第A02版以《千年传说今面世“楼子牡丹”人称奇》为题并配以照片报道了洛阳安乐窝（邵雍故居）“花痴”王女士于2009年聘请牡丹嫁接高手，在椿树上“接”牡丹获得成功，次年4月“椿树牡丹”在高空中含苞欲放（陈占举，2010），隋朝传说中的“楼子牡丹”“楼台牡丹”成为现实。这个报道，说明了《调燮类编》等农书中关于椿树上嫁接牡丹的记载是比较可靠的。

中国古代关于楝树上嫁接梅花的记载是很多的。虽然目前未见有这方面的报道，但根据徐萍等在香椿上嫁接桃和梨的事实（江幼农，1955），我认为这些记载也是真实的，因为桃、梨和梅都属蔷薇科，香椿和楝树都属于楝科。1998 年 12月，笔者在河南省卫辉市罗圈村，见到一株近千年的古银杏树，在距地面约2.5m的树干上，长出了一株楝树。笔者爬到树上做了详细观察，确信楝树和银杏是连为一体了，说明楝树完全能与异科植物嫁接。

据《农业生产》介绍，有人通过3年的试验，将南瓜成功地嫁接在苋菜上，不仅南瓜产量高，瓜个也大，一般每个有10～15kg重（佚名，1951）。这说明古代关于瓠瓜/鸡冠、葫芦/苋菜嫁接的记载是可靠的。我国还有人在凤仙花上嫁接黄瓜，产生了红色可供观赏的黄瓜，说明古代《凤仙谱》中关于在南瓜等植物上嫁接凤仙花的记载也是可靠的。

迄今为止，科间及其以上的远缘嫁接在植物上的成功实例较多，表8-2中不完全统计了世界近现代科间以上的远缘嫁接组合55个，涵盖了树木、蔬菜、花卉与大田作物等植物，不但有木本植物，也有草本植物，可以作为研究科间远缘嫁接及其生理学和遗传学基础的参考。这些组合涉及46种不同科间植物的嫁接（其中目间嫁接组合2个），以豆科植物作为接穗的嫁接组合最多，达到16个。值得注意的是，尽管有相当多的科间嫁接组合，但是其反向嫁接却不能成活（Horne，1914），这是值得研究的现象。当然也有一些正反嫁接都能成活的嫁接组合，比如苦苣苔科的大岩桐与苋科的鸡冠花、景天科的长寿花与苋科的鸡冠花。大田作物中成功的科间嫁接，包括棉花/蓖麻、棉花/向日葵、蚕豆/向日葵、绿豆/甘薯、小麦/甘薯、大豆/甘薯、花生/甘薯、油菜/蓖麻、大豆/番茄、大豆/蓖麻、大豆/生姜、大豆/洋姜等，并且嫁接后代多出现突变。研究表明，用不同株间植物嫁接是一个获得新品种的有效方法（孟昭璜和芦翠乔，1989）。此外，有些学者还利用试管苗进行科间远缘嫁接，嫁接组合包括小麦/宝塔菜、绿豆/宝塔菜、绿豆/长寿花、长寿花/宝塔菜、大岩桐/鸡冠花、鸡冠花/大岩桐、长寿花/大岩桐、长寿花/鸡冠花等，并经ISSR技术初步验证可能为嫁接杂种（孙海丽等，2014）。

表8-2　世界近现代科间植物远缘嫁接一览表

接穗/砧木	科间关系	研究者（或介绍者）	嫁接成活情况与表现
银穗树/青木	绞木科/山茱萸科	Baillon（1877）；Horne（1914）	嫁接成活
紫茄/毛萼血苋	茄科/苋科	Simon（1930）	愈合并建立导管连接

续表

接穗/砧木	科间关系	研究者（或介绍者）	嫁接成活情况与表现
白香草木犀/向日葵	豆科/菊科	Zebrak（1937）	接穗正常生长到自然死亡
紫菀/桃	菊科/蔷薇科	Kunkel（1938）	生活了两个月
柠檬/梨	芸香科/蔷薇科	Michurin（1949）	梨保持不落叶达 5 年之久
桃/杨	蔷薇科/杨柳科	崔致学和王福堂（1950）	果实个大美观，但味道不好
棉花/凤仙花	锦葵科/凤仙花科	李岱芸（1950）；岳崇娥（1950）	结出了红色的棉花
棉花/向日葵	锦葵科/菊科	李岱芸（1950）；许义（1950）	结出了黑色的棉花
棉花/蓖麻	锦葵科/大戟科	李福成（1950）；胡三女（1973）	培育出了‘蓖麻棉’新品种
南瓜/番茄	葫芦科/茄科	林武潢（1950）；姜世玲（2000）	前者所结果实“色量如瓜，肉味如茄”
桃/柳	蔷薇科/杨柳科	江幼农（1955）；石玉殿（1951）	嫁接树上所结桃子味道不好
龙眼/柿	无患子科/柿科	阮镜波（1951）	果个大，核小，肉厚
鸭梨/香椿	蔷薇科/楝科	江幼农（1955）	嫁接成活
桃/香椿	蔷薇科/楝科	江幼农（1955）	嫁接成活
梨/桑	蔷薇科/桑科	石玉殿（1951）	梨果实的味道和皮色都很好
葡萄/君迁子	葡萄科/柿科	石玉殿（1951）	嫁接后所结的葡萄果实无核
柿/椿	柿科/楝科	石玉殿（1951）	所结果实个小，味道不好
黄瓜/凤仙花	葫芦科/凤仙花科	江幼农（1951）	产生红色的黄瓜以供观赏
南瓜/苋菜	葫芦科/苋科	佚名（1951）	结的南瓜多，瓜个大
黄瓜/菜豆	葫芦科/豆科	张树椿（1951）	黄瓜产量高，且带有菜豆的味道
荞麦/豌豆	蓼科/豆科	Rubin（1953）	能很好地发育、开花和形成有活力的种子
金莲花/蚕豆	毛茛科/豆科	Rubin（1953）	能很好地发育、开花和形成有活力的种子
蚕豆/向日葵	豆科/菊科	Rubin（1953）；Kollmann 和 Glockmann（1985）	能很好地发育、开花和形成有活力的种子
百日菊/烟草	菊科/茄科	Schröter（1955）	百日菊中的生物碱转移到烟草上
大豆/蓖麻	豆科/大戟科	庞士铨和吴景锋（1963）；孟昭璜（2006）；潘相文等（2012）	大豆含油量增加；培育出‘国豆 1 号’新品种；后代出现抗倒伏和植株矮化突变
甜菜/甘蓝	藜科/十字花科	朱培坤等（1985）	通过微嫁接培育出高度不育的目间杂种
绿豆/南瓜	豆科/葫芦科	孟昭璜和芦翠乔（1989）	培育出了‘南绿 1 号’绿豆新品系
绿豆/甘薯	豆科/旋花科	孟昭璜和芦翠乔（1989）	培育出了‘薯绿 2 号’绿豆新品系
鳄梨/柠檬	樟科/芸香科	Hadas 等（1992）	传递了一种柑橘类病毒
葡萄/枣	葡萄科/鼠李科	张艳芳（1994）	嫁接后所结葡萄具有枣味
番茄/胡萝卜	茄科/伞形科	刘明志（1998）	（微嫁接）形成次生胞间连丝和胞间通道
小麦/甘薯	禾本科/旋花科	孟昭璜（2006）；郭继军（2012）	培育出了‘薯麦 1 号’等小麦新品种
谷子/甘薯	禾本科/旋花科	任远飞（2006）	培育出了‘甘薯谷’谷子新品系

续表

接穗/砧木	科间关系	研究者（或介绍者）	嫁接成活情况与表现
大豆/山药	豆科/薯蓣科	孟昭璜（2006）	提高单产、抗病能力及品质
油菜/蓖麻	十字花科/大戟科	任远飞（2006）	培育出了‘蓖麻油菜’油菜新品系
虎刺梅/大花蛇鞭柱	大戟科/仙人掌科	张魁文（2007）	虎刺梅可四季开花
小麦/宝塔菜	禾本科/唇形科	夏涵涵等（2007）	ISSR 验证可能为嫁接杂种
绿豆/宝塔菜	豆科/唇形科	夏涵涵等（2007）	ISSR 验证可能为嫁接杂种
绿豆/长寿花	豆科/景天科	夏涵涵等（2007）	ISSR 验证可能为嫁接杂种
长寿花/宝塔菜	景天科/唇形科	夏涵涵等（2007）	ISSR 验证可能为嫁接杂种
牡丹/椿树	毛茛科/楝科	陈占举（2010）	牡丹开花
大岩桐/鸡冠花	苦苣苔科/苋科	邵果园和陆方方（2010）	ISSR 验证可能为嫁接杂种
鸡冠花/大岩桐	苋科/苦苣苔科	邵果园和陆方方（2010）	ISSR 验证可能为嫁接杂种
长寿花/大岩桐	景天科/苦苣苔科	邵果园和陆方方（2010）	ISSR 验证可能为嫁接杂种
长寿花/鸡冠花	景天科/苋科	邵果园和陆方方（2010）	ISSR 验证可能为嫁接杂种
小麦/刀豆	禾本科/豆科	郭继军（2012）	培育出了‘继军麦 1 号’小麦新品种
大豆/甘薯	豆科/旋花科	潘相文等（2012）	后代出现多分枝和丰产类型突变
大豆/马铃薯	豆科/茄科	潘相文等（2012）	后代出现多分枝和丰产类型突变
大豆/生姜	豆科/姜科	潘相文等（2012）	后代出现高蛋白、高油和晚熟突变
大豆/番茄	豆科/茄科	潘相文等（2012）	后代出现高蛋白、高油和晚熟突变
大豆/洋姜	豆科/菊科	潘相文等（2012）	后代出现抗倒伏和植株矮化突变
大豆/南瓜	豆科/葫芦科	潘相文等（2012）	后代出现晚熟和高大植株突变
大豆/葫芦	豆科/葫芦科	潘相文等（2012）	后代出现晚熟和高大植株突变
绿豆/凤仙花	豆科/凤仙花科	赵智勇（2013）	小部分绿豆种皮和豆荚内膜变红

值得注意的是，近年来仅河南省就有商丘市国佳农业科技有限公司、商丘广宇农业科技有限公司、漯河市珍奇观光农业发展有限责任公司、河南省昊坤农业科技有限公司和河南省长义农业科技有限公司等参与植物远缘嫁接的研究与开发利用。2009 年，河南省昊坤农业科技有限公司完成的“利用远缘嫁接诱变育种法培育农作物新品系”项目通过了河南省科技厅组织的成果鉴定，该项目建立起了不同科属植物间（如小麦与甘薯、山药、玉米、生姜、马铃薯；大豆与蓖麻、山药、马铃薯、甘薯等）的远缘嫁接诱变育种技术体系，通过“种芽嫁接法”培育出 500 多份农作物新品系，其中：小麦 402 份，大豆 22 份，谷子 9 份，绿豆 39 份，玉米 49 份，红小豆 31 份，油菜 6 份，芝麻 10 份，高粱 3 份，水稻 21 份，棉花 3 份等。值得一提的是，以马铃薯为砧木，无芒麦和野燕麦的杂交后代为接穗，远缘嫁接后产生了疑似新物种，其株高 1m 以上，株型类似野燕麦，茎秆细

而柔韧，叶色浅绿，叶鞘紫红色，小穗纺锤形，穗长5cm左右，无芒，颖片呈心形，黑色籽粒如油菜籽大小。同年10月3日的《科技日报》，曾在头版以《红薯藤上长小麦 土豆秧上结大豆——河南远缘嫁接诱变获500余农作物变异新材料》为题对此进行了报道（乔地，2009）。

然而，“嫁接诱变育种”这个新鲜名词一时难以被广泛地接受，这种育种方法所采用的“种芽嫁接法”实际上是一种“寄生式嫁接”，接穗为发芽的种子（没有创伤），直接“种”入到砧木切口中，与一般嫁接时接穗要产生创伤而且不会产生变异有所不同。尽管事实如此，河南省昊坤农业科技有限公司董事长曹长义说，普通民众一听到“小麦与红薯嫁接，大豆与土豆嫁接等”的第一反应就是“不可能、瞎忽悠”，由于一般嫁接不会让接穗产生变异，有人甚至把这种方法看成“伪科学”（翟媛媛，2014）。2008年，曹长义申请的“采用马铃薯为砧木培育小麦新品种的方法”未能获得授权，可能与此有关。2013年再次申请专利时，他把这种育种方法改名为“一种植物诱导育种目标植物变异的育种方法”才获得了发明专利授权（曹长义，2015），这个名称如此之长，不但让人难以记住，而且听上去让人觉得莫名其妙，实际上该专利的核心技术还是“种芽嫁接法”。

第二节　植物科间以上远缘嫁接应注意的问题

科间以上的远缘植物，其亲和力很差，因此采用一般的嫁接方法和技术很难成功。近年来笔者查阅了古今有关植物远缘嫁接的一些资料，发现成功的远缘嫁接多采用靠接法和种芽嫁接法，选取发育年幼的嫁接材料，并运用熟练的技术在适宜的时机进行嫁接。

一、宜采用靠接法或种芽嫁接法

（一）靠接法

采用靠接法，即接穗并不从母体上剪截下来，而是将用作接穗的植株种在砧木的近旁，把茎干互相靠拢起来进行嫁接，待接穗和砧木完全愈合后再把砧木的上部和接穗的下部剪去。由于接穗在嫁接时未脱离母体，因此嫁接成活率较高。主要有以下两种靠接法。

1. 合接靠接法

对于木本植物来说，清明时节树液开始流动，树木萌发至展叶时即可进行嫁接，一直可以接到大暑。大暑以后，树木生长迟缓，不易愈合，就不宜靠接了。靠接时先把砧木和接穗各削去一块皮（削到嫩皮层处），所削部分以稍露木质部为宜，不可过深，这样使接穗和砧木两者的形成层接触面较大，容易成活。如果切削口过深时露出木质部，形成层的接触面就小，靠接的成活率就低。削去皮层的长度一般为 5～7cm，然后把削平的光滑面靠在一起对齐，迅速用塑料条或麻皮缠紧。嫁接时动作一定要快，削皮处如果暴露的时间太长，就难于成活。捆绑时需注意在每一道之间，要间隔一定的距离，以便通风，有利于愈合。如果用麻批缠绑时，需“放风”两次，即把麻批松一松，以免勒成“马蜂腰”。一般较细的枝条靠接后需半年到一年时间才能愈合；较粗的枝条需两年左右的时间才会完全愈合。愈合后剪断接穗的下部和砧木的上部，即形成一棵新的植株了。已故劳动模范石玉殿曾采用这种方法使葡萄/君迁子、梨/桑、桃/柳等组合嫁接成功。

葫芦科与苋科植物的嫁接也常采用合接靠接法，这在本章第一节中提及的我国古籍《格物粗谈》和《灌园史》中早有记载。1951 年，《农业生产》刊物曾介绍了南瓜与苋菜嫁接的方法：“在南瓜长到 1 丈[①]多高的时候，在南瓜旁移植一棵大苋菜，3 日后若苋菜已移活，可剪去苋菜的头部，用小刀在南瓜根部的藤上削去一层皮，流出汁液来，把苋菜的头部和南瓜根部粘靠在一起，用细线缠住，涂上一些泥。过一周后，如已愈合，则把南瓜的根剪断。用这种方法嫁接的南瓜产量高，瓜也大，一般每个有 10～15kg 重。

安徽省萧县农民岳崇娥采用靠接法把棉花嫁接到凤仙花上，获得了红色棉。方法是：先把红色凤仙花与棉花种在半尺距离内，待凤仙花与棉花长到 1 尺[②]时，把二者交叉起来，用刀刮去交叉处的表皮（以刮出汁液为止），然后捆绑，从基部培土到交叉处以上部位，愈合后即把棉根与凤仙花的头部剪断，结出的棉花和棉种都是红色的。

2. 穿孔靠接法

该法为在生长得相当粗大的砧木树干上，钻一个小孔，把栽在旁边的作接穗的枝条（最好与小孔的直径一致）除去韧皮部以外的一段树皮（其长和砧木的直径相等），穿过砧木的孔洞，使伤口留在孔洞中，待将来愈合后，剪去砧木的头部和接穗的基部即可。在我国古代这种方法较为常用，如宋代《墨庄漫录》上记载了梨与枣穿孔嫁接的方法：“先植棠梨木与枣木相近，以鹅梨条接于棠梨木上，候始生枝条，又于枣木大枝上凿一窍，度插活梨条于其中，不到一二年即生合，乃斫去枣木之上枝，又断棠梨下干根脉，即梨条已接于枣木本矣”。宋代的《种艺必用》等农书上还记载了葡萄与枣穿孔嫁接的方法：“葡萄，欲其肉实，当栽于枣树之侧，于春间钻枣树，作一窍子。引葡萄枝入窍子，透出。至二三年，葡萄枝既长大，塞满枣树窍子，便可斫去葡萄根，令托枣根以生，便得肉实如枣。北地皆

---

① 1 丈≈3.33m
② 1 尺≈0.33m

如此种。”

（二）种芽嫁接法

种芽嫁接法是将刚萌发不久的幼芽个体寄生在砧木的茎中，会有可遗传的变异发生（Zhang et al.，2002；孟昭璜和芦翠乔，1989）。在自然存在的寄生组合中，寄生植物与其宿主之间也存在一定的水平基因转移（Davis et al.，2005；Davis and Wurdack，2004；Mower，2004）。Davis 和 Wurdack（2004）在寄生植物中检测到了从其宿主到寄生植物水平转移的基因，Mower（2004）则发现了从寄生植物到寄主的水平基因转移模式。寄生嫁接的变异来源可能仍然包含了水平基因转移和表观遗传调控两个方面，只是由于种芽法的愈合方式不同于一般的嫁接方式，其变异发生过程较普通嫁接有一定的区别，其诱变的机理也可能存在一定的差别。赵智勇（2013）采用种芽法进行棉花/向日葵、绿豆/凤仙花远缘嫁接时，发现扎入砧木茎干的接穗根系能够引起砧木茎干围绕接穗根系形成黑色区域，距离根系越近黑色现象越明显，有些嫁接株在黑色区外围还能形成一定的黄色区。以下介绍运用该法创制的几种远缘植物。

1. 棉花/蓖麻

李福成（1950）曾介绍了棉花与蓖麻的嫁接方法：立夏前先播种蓖麻，大约半个月即可出苗，大的长到 1 寸[①]高，便到了立夏。于是对棉籽进行浸种催芽，等长得像豆芽了，便把蓖麻从地表切断，将棉花芽插在蓖麻茎上，然后盖上薄薄的一层湿土即可。棉花与蓖麻嫁接，不仅愈合良好，而且棉株还抗病抗蚜虫，结的棉桃也大。

2. 棉花/凤仙花

安徽萧县农民李岱芸（1950）成功地将棉花嫁接到凤仙花上，培育出了红色棉。方法是在凤仙花高约 1 尺时，在距地面半寸高的地方截断，趁水气将两三粒棉籽种在里面，再用软布埋好，保持湿润。待棉株长大后，所结的棉花是红色的。

3. 棉花/向日葵

安徽省萧县农民许义（1950）将棉花成功地嫁接在向日葵上，获得了黑色的棉花。方法是这样的：先把向日葵种子种在地里，出土后，再对棉籽进行催芽处理，待棉芽长到 1～2 寸高时，地里先种的向日葵已经 3～4 寸高了。用刀把向日葵的茎拦腰切断，从茎中心劈开，把棉芽放在劈开处，用麻线捆绑好，涂上湿泥，每天早上浇一次水。这样所结的棉花为黑色，黑色棉花所收的种子，还能继续留

① 1 寸≈0.03m

种，这种天然的黑色棉从新到旧永不变色。安徽萧县农民李岱芸也进行了类似的试验。方法是在向日葵约 2 尺高时，从距地面半寸高处砍断，将棉花种子种在茎里，所结的棉花为黑色，纺出的纱和织成的布也永不褪色。

4. 黄瓜/菜豆

张树椿（1951）曾将黄瓜成功地嫁接在菜豆上。所用的材料是普通菜豆与普通的黄瓜。当菜豆出土只有两片叶时，用小刀将中间的嫩芽削去，削破的地方不要沾上泥土或其他脏东西，以免影响愈合。随后很快取出黄瓜籽的初芽（外边硬壳尚在），使茎尖朝下，插在豆苗的中间，注意不要触碰。嫁接后必须保证充足的水分，并向豆苗根部壅些细土，以免阳光直射，嫁接后一周左右即能愈合，这时黄瓜籽的外壳即自行脱落，所结的黄瓜也和豆角一样，能一串一串结很多，且带有菜豆的味道，如果肥水充足，比普通的黄瓜增产许多。

5. 绿豆/甘薯

河南省商丘地区农科所的孟昭璜和芦翠乔（1989）曾成功地将绿豆嫁接在甘薯上，并由此培育出了薯绿豆新品种。方法是这样的：当甘薯栽植后长出 4～6 片新叶，绿豆经催芽长成豆芽菜形状时，即可嫁接。先把甘薯根部四周的土扒开，在根部上面半寸左右的茎上，用竹签刺一个小孔，切去绿豆芽的胚根，把下胚轴削成楔形，插入砧木小孔内，然后用湿润的细土轻轻地把切口和接穗覆盖起来，几天后，接穗即生长出土。如发现绿豆茎生根，要立即把根剪除，使绿豆主茎和甘薯的主茎完全愈合为一体，并适当控制甘薯茎叶的生长。按上述方法进行操作，成活率可达 90%以上。采用该方法培育的薯绿豆新品种，与接穗品种相比，其千粒重提高 94.4%，碳水化合物含量增加 12.8%，产量提高 14%～56%。目前已在许多地区推广应用。

二、宜选取年幼的嫁接材料

选取发育年幼的植物（尤其是由种子长成的一年生实生苗）作砧木和接穗，容易嫁接成功。例如，桃/马利安娜李的嫁接组合，一般嫁接不亲和，但在幼小子叶时嫁接，嫁接树一直长到三年生并未发现不亲和的现象。米丘林的助手雅阔夫列夫曾采用靠接法将一年生柠檬实生苗成功地嫁接在一年生梨树实生苗上，但当采用老龄梨树的芽接苗同柠檬进行同样的靠接时，却未能嫁接成活（Michurin，1949）。米丘林在总结柠檬和梨嫁接成功的经验时写道："一个是从中亚细亚来的一年生柠檬实生苗，另一个是一年生杂种梨的实生苗，显然嫁接亲本都是这么年幼，并且都是在不习惯的环境条件下时两者才能共生得很好。"

Passecker（1952）认为植物的幼年型与成年型比起来，具有非常好的接受嫁接的能力。这种现象就和幼年型的另外一个生理特征——具有扦插生根的能力一样。

三、嫁接技术要娴熟

嫁接技术的熟练程度是影响成活率的重要因素。在中国古代，随着嫁接技术的发展和社会的需要，涌现出了一些接花名手和能工巧匠。正如韩彦直在《桔录》中所说，“盖老圃者能之，工之良者，挥斥之间，气质随异，无不活者”。欧阳修在《洛阳牡丹记》中写道：“接花工尤著者一人，谓之门园子，豪家无不邀之”。因此推想，古代的科间嫁接可能大多是由一些接花名手和能工巧匠完成的。从现在植物科间嫁接的资料看，其作者也大多是具有几十年丰富嫁接经验的老同志。例如，劳动模范石玉殿从 14 岁起开始学嫁接，从事果树嫁接 60 年。在长期的嫁接实践中，他摸索出了“四快”的嫁接经验——手快、眼快、锯快、刀快。在进行远缘植物靠接时，他认为“要想靠得活，必须两树各削去一块皮后，迅速用麻批或麻绳缠紧。削皮处如经风日稍长，就难以靠活”。原林县（今林州市）县委书记杨贵同志在评价石玉殿的嫁接技术时曾说过，“同样的树种，同样的嫁接方法，石劳模能接活，别人却接不活，这是石劳模家门里的技术，要很好地研究”。石玉殿之子石百顺说：“我考虑他主要是实践多了，手熟。有许多见过他亲手接树的人或接受他传艺的同志，都说他操作技术娴熟，动作非常快”（私人通讯，1999）。通过实践，孙海丽等（2014）及刘晓丹和赵智勇（2015）总结出了远缘嫁接的 6 个操作要点——“备、湿、小、快、精、柔”，具体地讲就是“场地好，湿度高；工具全，利且净；材料小，强且壮；操作快，精而柔。

四、嫁接时机要合适

我国民间有“春分时节，果树嫁接”“春接海棠，夏接桂，秋接菊花，冬接梅”等农谚，充分说明在我国北方露地条件下嫁接时机的重要性及不同植物具有不同的适宜嫁接时机。此外，由于砧木和接穗亲缘关系远，亲和力差，嫁接后要完全愈合在一起，需要较长的时间。据孙晓环等（2015）将‘黑农 48’大豆品种远缘嫁接到黑籽南瓜上，发现接穗切面长度为 1.0cm 时成活率最高，达到 80%，愈合速度也最快；对该长度接穗切面的电镜动态观察表明，愈合过程可分为 3 个阶段：愈伤组织形成期（第 1～8 天）、维管组织分化期（第 9～12 天）、维管组织分化完成期（第 13～35 天）。据石玉殿讲，远缘植物嫁接时，一般较细的枝条靠接后，需半年到一年时间才能完全愈合；较粗的枝条需要两年左右。《种艺必用》上说，葡萄和枣的嫁接需要 2～3 年才能完成。《墨庄漫录》上说，梨与枣的嫁接需要 1～2 年才能完成。因此，在进行远缘嫁接时不能急于求成，不能像普通芽接那样，嫁接7～10天后就去判断嫁接是否成功。

五、促进砧木与接穗良性互作

很多远缘嫁接之所以不成功，主要是因为没有解决砧木和接穗亲缘差异大而产生的不亲和问题。嫁接不亲和常表现为接穗不能成活、成活后生长发育不正常（如枝叶簇生、早落叶、过早形成大量花芽、结畸形果等）或出现生理病态（输导系统连接不良、砧木或接穗异常生长和增殖、接合部木栓化死细胞积聚和淀粉分布失常、组织脆弱易断等）等排异现象。造成这种现象的原因有：砧木与接穗因不能进行细胞间的识别，而不能形成次生胞间连丝和维管束桥；维管束连接不完全及对营养物质的需求和吸收的差异，造成双方在养分、水分输导上不协调，在生理上不相适应；产生酚类、树脂、单宁、氰化物等有毒物质积累；病毒的感染等。张魁文（2007）将虎刺梅（大戟科）嫁接到大花蛇鞭柱（仙人掌科）时发现，二者的浆液产生了对抗性反应。为了克服这种现象，可让嫁接处的浆液流出一部分荫干，再把嫁接处划上4～5道，以便伤口排出过多的浆液，从而极大地提高了成活率。王成玉和马贵龄（2013）将辣椒或茄子嫁接到枸杞上时，用细针扎进接合部的中部，然后再用嫁接膜包扎起来，他们形象地称之为“千里姻缘一针穿”。细针起两个作用，一是把砧木和接穗固定在一起，防止包扎时出现移位；另一个更重要的作用，是通过“微创”让接穗和砧木之间产生更多的愈伤组织，以减轻二者之间的排异反应，最终让两株远缘植物嫁接成活。

参考文献

[北魏]贾思勰. 1998. 齐民要术. 北京：中国农业出版社.
[宋]陈元靓. 1999. 事林广记. 北京：中华书局.
[宋]苏轼. 1964. 格物粗谈. 北京：商务印书馆.
[宋]苏轼. 1985. 物类相感志. 北京：中华书局.
[宋]苏轼. 2000. 东坡杂记//苏轼. 苏轼全集. 上海：上海古籍出版社.
[宋]吴怿. 1963. 种艺必用. 北京：农业出版社.
[宋]叶廷珪. 2002. 海录碎事. 李之亮校. 北京：中华书局.
[宋]张邦基. 2002. 墨庄漫录. 北京：中华书局.
[宋]赵希鹄. 1935. 调燮类编. 北京：商务印书馆.
[元]元世祖敕司农司. 1985. 农桑辑要. 北京：中华书局.
[明]陈诗教. 1988. 灌园史. 北京：全国图书馆文献缩微中心.
[明]戴羲. 1956. 养余月令. 北京：中华书局.
[明]高濂. 2012. 燕闲清赏笺. 杭州：浙江人民美术出版社.
[明]胡文焕. 1959. 墨娥小录. 北京：中国书店.
[明]邝璠. 1959. 便民图纂. 北京：农业出版社.

[明]李时珍. 1982. 本草纲目. 北京: 人民卫生出版社.
[明]镏绩. 1985. 霏雪录. 北京: 中华书局.
[明]陆容. 1985. 菽园杂记. 北京: 中华书局.
[明]徐弘祖. 1986. 徐霞客游记. 北京: 商务印书馆.
[明]俞宗本. 1962. 种树书. 北京: 农业出版社.
[明]周文华. 1982. 汝南圃史. 北京: 农业出版社.
[明]周之玙. 1995. 农圃六书. 北京: 中国农业出版社.
[清]陈昊子. 1962. 花镜. 北京: 农业出版社.
[清]鄂尔泰, 张廷玉. 1956. 授时通考. 北京: 中华书局.
[清]蒲松龄. 1982. 农桑经校注. 北京: 农业出版社.
[清]王芷. 2002. 稼圃辑//《续修四库全书》编委会. 续修四库全书. 上海: 上海古籍出版社.
[清]余鹏年. 1985. 曹州牡丹谱. 北京: 中华书局.
[清]赵学敏. 1915. 凤仙谱. 上海: 上海文明书局.
曹长义. 2015. 一种植物诱导育种目标植物变异的育种方法: 中国, 201310317334.7.
陈占举. 2010-04-07. 千年传说今面世“楼子牡丹”人称奇. 洛阳晚报, 第 A02 版.
崔致学, 王福堂. 1950. 一个平凡的例证——嫁接可以促进变异. 农业科学通讯, (2): 9.
高新一, 荣子其. 1993. 果树嫁接图说. 北京: 中国林业出版社.
郭继军. 2012. 远缘嫁接诱变小麦高产栽培技术: 中国, 201110358098.4.
胡三女. 1973. 蓖麻棉. 农业科技, (6): 31.
化振红. 2009. 分门琐碎录([宋]温革)校注. 成都: 巴蜀书社.
江幼农. 1955. 关于植物无性杂交的科学资料. 北京: 科学出版社.
姜世玲. 2000. 葫芦科植物嫁接体维管组织的发育及地干旱胁迫的生理学反应. 北京: 中国农业大学博士学位论文.
匡明纲. 1985.《齐民要术》中的果树遗传育种. 中国农史, (1): 35-39.
李保印, 刘用生, 周秀梅, 等. 2004. 柳属与杨属植物远缘嫁接研究. 生物学通报, 39(10): 19-20.
李岱芸. 1950. 试植有色棉成功. 科学通报, 1(3): 197.
李福成. 1950. 我是怎样增加棉花产量的? 中国米丘林学会会刊, I: 1
李继华. 1980. 嫁接的原理与应用. 上海: 上海科技出版社.
李继华. 1984. 远缘植物嫁接能成活吗? 植物杂志, (5): 6-7.
林武潢. 1950. 瓜茄接茎法. 农业生产, (5): 2.
刘明志. 1998. 科间离体嫁接细胞相互作用的电镜观察. 暨南大学学报(自然科学与医学版), (5): 98-103.
刘晓丹, 赵智勇. 2015. 植物远缘嫁接技术操作要点. 新疆农垦科技, 38(11): 22-23.
孟昭璜, 芦翠乔. 1989. 绿豆与甘薯嫁接的研究. 华北农学报, 4(4): 34-38.
孟昭璜. 2006. 远缘嫁接无性杂交培育大豆新品种的方法: 中国, 200410079964.6.
潘相文, 孙晓环, 张凤芸, 等. 2012. 大豆远缘嫁接诱变技术的优化. 大豆科学, 31(2): 237-241.
庞士铨, 吴景锋. 1963. 用蓖麻嫁接大豆后代植株生理特性的初步分析. 东北农学院学报, (1): 35-38.
乔地. 2009-10-03. 红薯藤上长小麦 土豆秧上结大豆——河南远缘嫁接诱变获 500 余农作物变异新材料. 科技日报, 第 001 版.
任远飞. 2006-03-30. 以红薯做砧木小麦作接穗 以蓖麻做砧木大豆作接穗 远缘嫁接开辟我国作

物(小麦、大豆)育种新途径——记商丘市国佳农业科技有限公司和他们的科技创新. 河南日报农村版, 第 04 版.
邵果园, 陆方方. 2010. 远缘植物试管嫁接及 ISSR 分析. 浙江农林大学学报, 27(4): 630-634.
石声汉. 1963. 对嫁接的一些揣测性解释. 植物生理学报, (2): 3-11.
石玉殿. 1951-04-04. 谈谈几种树木的培育法. 人民日报, 第 2 版.
孙海丽, 赵智勇, 李秀菊. 2014. 对植物远缘嫁接中几个问题的探讨. 江苏农业科学, 42(11): 9-13.
孙晓环, 潘相文, 王燕平, 等. 2015. 大豆与南瓜远缘嫁接接合部组织形态解剖学研究. 大豆科学, 34(4): 639-642.
谭彼岸. 1956. 中国古代的接木技术. 农业学报, 7(4): 419-450.
王成玉, 马贵龄. 2013. 枸杞和辣椒、茄子的嫁接杂交方法: 中国, 101904266B.
夏涵涵, 杨敏, 何波, 等. 2007. 远缘植物试管苗嫁接及 ISSR 分析. 西南农业学报, 20(6): 1180-1183.
许义. 1950. 有色棉育种法. 农业生产, 5(5): 17.
佚名. 1951. 南瓜与苋菜嫁接法. 农业生产, 6(7): 6.
印永民. 1981. 果树高接. 长春: 吉林人民出版社.
岳崇娥. 1950. 有色棉育种法. 农业生产, 5(5): 17.
翟媛媛. 2014. 育种创新者的梦想. 创新科技, (23): 43-45.
张魁文. 2007. 大花蛇鞭柱嫁接虎刺梅——不同科属嫁接获得成功. 中国花卉盆景, (5): 18.
张树椿. 1951. 菜豆接黄瓜可提高产量. 科学通报, 2(6): 675
张艳芳. 1994-10-18. 奇——葡萄嫁接枣树上. 中国花卉报, 第 2 版.
张宇和. 1984. 果树繁殖. 上海: 上海科学技术出版社.
张宗子. 1988. 我国古代花木嫁接探源. 农业考古, (2): 323-327.
赵智勇. 2013. 不同植物嫁接体系的建立及嫁接诱导变异机制的初步研究. 新乡: 河南科技学院硕士学位论文.
周建一. 2001-07-19. 薯麦一号开辟小麦育种新途径. 山西科技报, 第 002 版.
朱培坤, 王鸣歧, 陆妙康, 等. 1985. 通过特殊嫁接技术自发传导外源遗传物质获得远缘无性杂种的研究——Ⅰ. 叶用甜菜-甘蓝目间无性杂种当代的鉴定. 上海农业学报, (1): 46-54.
Baillon H E. 1877. Organogénie florale des Garrya. Coinpt Rend Assoc Franc Avanc. Sci: 561-566.
Clayberg C D. 1975. Insect resistance in a graft-induced periclinal chimera of tomato. Hort Sci, 10: 13-15.
Davis C C, Anderson W R, Wurdack K J. 2005. Gene transfer from a parasitic flowering plant to a fern. Proceedings of the Royal Society B Biological Sciences, 272(1578): 2237-2242.
Davis C C, Wurdack K J. 2004. Host-to-parasite gene transfer in flowering plants: phylogenetic evidence from Malpighiales. Science, 305(5684): 676-678.
Hadas R, Ashulin L, Bar-Joseph M. 1992. Transmission of a *Citrus* viroid to avocado by heterologous grafting. Plant Disease, 76(4): 357-359.
Horne A S. 1914. A contribution to the study of the evolution of the flower, with special reference to the Hamamelidace, Caprifoliace, and Cornace. Transactions of the Linnean Society of London, 8(7): 239-309.
Kollmann R, Glockmann C. 1985. Studies on graft unions. Ⅰ. Plasmodesmata between cells of plants belonging to different unrelated taxa. Protoplasma, 124(3): 224-235.

Kunkel L O. 1938. Contact periods in graft transmission of peach viruses. Phytopathology, 28: 491-497.

Michurin I V. 1949. Selected Works. Moscow: Foreign Languages Publishing House.

Mower J P. 2004. Gene transfer from parasitic to host plants. Nature, 432(7014): 165-166.

Passecker F. 1952. Geschlechtsreife, Blühwilligkeit und Senilität bei holzigen Gewächsen. Der Züchter, 22(1-2): 26-33.

Rubin B A. 1953. HG Potapov i VF Germanova: interaction between the partners in inter-family grafting. Dokl Akad Nauk SSSR, 88: 1063-1066.

Schröter H B. 1955. Über den Nachweis von Nikotin in der Composite *Zinnia* elegans und über die Bedeutung dieses Alkaloids für die interfamiliäre Pfropfung *Zinnia* auf *Nicotiana*. Archiv der Pharmazie und Berichte der Deutschen Pharmazeutischen Gesellschaft, 288(3): 141-145.

Simon S V. 1930. Transplantationsversuche zwischen *Solanum melongena* und *Ireslne lindenl*. Jahrb Wiss Bot, 72: 137-160.

Zebrak A R. 1937. Intergeneric and interfamily grafting of herbaceous plants. Trudy Timirjazev Seljskohoz Akad, 2: 115-133.

Zhang D H, Meng Z H, Xiao W M, et al. 2002. Graft-induced inheritable variation in mungbean and its application in mungbean breeding. Acta Batanica, 44(7): 832-837.

图　版*

钱学森先生（植物嫁接改造学的倡导者）与周肇基教授（植物嫁接起源与演进的探讨者）探讨问题（引自周肇基著《中国植物生理学史》）

王清连教授（本书著者之一，左三）参加“利用远缘嫁接诱变育种法培育农作物新品系”成果鉴定会

* 图版彩色版请扫封底二维码

Nature 报道利用离体嫁接培养出的烟草异源多倍体［引自 Fuentes et al.，2014；左图为具有 48 条染色体的普通烟草（*Nicotiana tabacum*），中图为具有 24 条染色体的粉蓝烟草（*Nicotiana glauca*），右图为具有 72 条染色体的嫁接杂种烟草（*Nicotiana tabauca*）］

上图：Sp 为辣椒砧木‘Spanish Paprika’，Y 为辣椒接穗‘Yatsubusa’，G 为嫁接后出现的变异植株；下图：不同辣椒品种嫁接后引起的果色、果形和坐果等性状的变异（Taller et al.，1998）

量天尺

绯牡丹

日本园艺学家将量天尺与绯牡丹嫁接，培育出嫁接杂种——‘龙凤牡丹’